UG 三维设计及制图

主 编 冯 芳 陈天星

副主编 蒋 鸿 廖 娟 孟亚威

西南交通大学出版社

·成 都·

图书在版编目（CIP）数据

UG 三维设计及制图 / 冯芳，陈天星主编. -- 成都 ：
西南交通大学出版社，2024. 10. -- ISBN 978-7-5774
-0024-2

Ⅰ. TH122

中国国家版本馆 CIP 数据核字第 2024QV4619 号

UG Sanwei Sheji ji Zhitu

UG 三维设计及制图

	策划编辑 / 罗爱林
主　编 / 冯　芳　陈天星	责任编辑 / 李　伟
	封面设计 / GT 工作室

西南交通大学出版社出版发行

（四川省成都市金牛区二环路北一段 111 号西南交通大学创新大厦 21 楼　610031）
发行部电话：028-87600564　　028-87600533
网址：http://www.xnjdcbs.com
印刷：四川森林印务有限责任公司

成品尺寸　185 mm×260 mm
印张　14.25　字数　356 千
版次　2024 年 10 月第 1 版
印次　2024 年 10 月第 1 次

书号　ISBN 978-7-5774-0024-2
定价　46.00 元

前　言

　　"三维设计与制图"是机械制造及自动化专业、数控专业和模具专业的一门必修专业课程，旨在培养学生掌握 UG、Pro/E 等三维 CAD/CAM 软件的三维建模能力，并对现代设计方法有所认识。在现代设计与加工领域，由于存在大量曲面体，这使得使用传统二维工程图来表达零件的方法受到了冲击，三维数字化模型应运而生，并成为曲面零件的标准化表达方式。

　　通过对本书的学习，学生可以掌握 UG NX 12.0 零件建模、装配体设计方法，掌握 UG NX 12.0 三维实体造型的方法和技巧，掌握 UG NX 12.0 二维工程图的生成方法和技巧。本书将机械制图、机械设计基础等知识综合运用到产品设计中，使学生对三维造型设计有更深入的理解并具有熟练操作的能力。这些能力的掌握是大学生综合素质教育中技能锻炼的重要一环，为学生的后续学习及创新创业实践奠定了基础。本书的最大特点是通过案例进行教学，内容上突出"做中学"，以实践性知识为主；教材结构上注重实用性，以职业能力为导向；呈现方式上以学生为本，符合学生的认知规律，整体编排形式符合时代特色。

　　本书适用于大学本科、专科、职业技术学院和成人高等院校机械类各专业教学，也可供其他相近专业和工程技术人员使用参考。限于编者水平，书中疏漏和不足之处在所难免，殷切期望各位读者批评指正。

编　者

2023 年 12 月

本书数字资源

目 录

第 1 章　绪　论

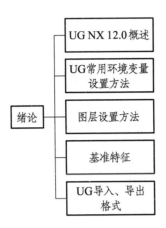

§1.1　UG NX 12.0 概述

　　UG NX 12.0 是一款出自 SIEMENS 公司的实用型三维 CAD 设计工具，其功能强大，能够帮助用户轻松进行虚拟产品设计和工艺设计。该软件提供了当今市场上可扩展的多学科平台，通过与 Mentor Graphics Capital Harness 和 Xpedition 的紧密集成，整合了电气、机械和控制系统，消除了从开发到制造的每个步骤的创新障碍，帮助企业摆脱当今快速缩短产品生命周期的挑战。UG NX 12.0 操作界面美观，操作简便，可以在改善产品质量的同时提高产品的设计效率。

§1.1.1　UG NX 12.0 界面操作

1. 文件操作

1）启动 UG NX 12.0

　　在桌面上双击 UG NX 12.0 图标或者选择【开始】→【程序】→【Siemens NX 12.0】→【NX 12.0】命令，启动 UG NX 12.0 软件，随后进入 UG NX 12.0 的入口模块（欢迎界面）。欢迎界面中包含了软件模块、角色、定制、命令等功能的简易介绍，如图 1.1 所示。

图 1.1 UG NX 12.0 欢迎界面

2）退出 UG NX 12.0

在创建完一份设计工作之后，需要将该软件关闭。选择【文件】→【退出】选项，或者单击 UG NX 12.0 标题栏中的关闭按钮，即退出 UG NX 12.0 软件。

3）打开文件

单击【打开】按钮，在菜单栏中选择【文件】→【打开】命令，或使用"Ctrl+ O"快捷键，弹出"打开"对话框。

4）关闭文件

（1）可单击图形工作窗口右上角的【关闭】按钮。

（2）选择【文件】→【关闭】→【关闭】子菜单中适合的选项。

5）新建文件

启动 UG NX 12.0，在欢迎界面窗口中【标准】选项卡上单击【新建】按钮，弹出【新建】对话框，如图 1.2 所示。用户可通过此对话框为新建立的模型文件重命名，或重设文件保存路径。单击【确定】按钮，即可进入 UG NX 12.0 的建模环境界面。

6）修改 UG 的默认保存路径

通过修改 UG 的默认保存路径，每次做完图就不用另存为了，直接点击【保存】就保存到默认的文件夹下面。

（1）找到 UG 应用程序翻开的图标并右击，挑选【属性】，进入【属性】窗口界面后找到【起始位置】，然后把起始位置修改为自己想保存的位置，点击【确定】，如图 1.3 所示，重启UG，翻开后默认路径已经发生变化，如图 1.4 所示。

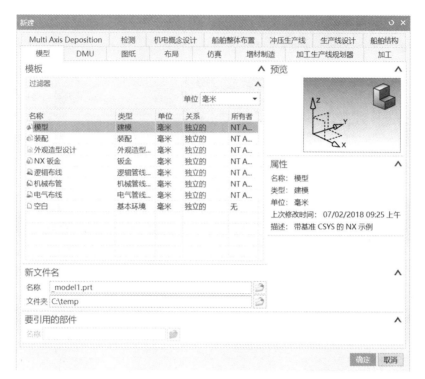

图 1.2　【新建】对话框

图 1.3　UG 属性对话框

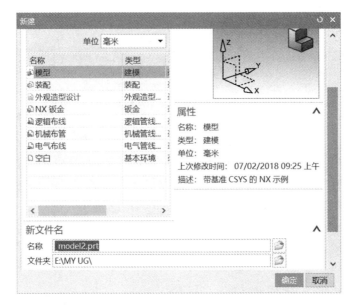

图 1.4 【新建】对话框默认保存路径

（2）在 UG 软件设置里修改。在功能区的【文件】选项卡中选择【实用工具】→【用户默认设置】命令，打开如图 1.5 所示的【用户默认设置】对话框，在【常规】→【目录】下修改保存路径。

图 1.5 【用户默认设置】对话框

2. 界面介绍

建模环境界面是用户应用 UG 软件的产品设计环境界面。建模环境界面窗口主要由快速访问工具条、选项卡、功能区、上边框条、信息栏、资源条、导航器和图形区等组成，如图 1.6 所示。

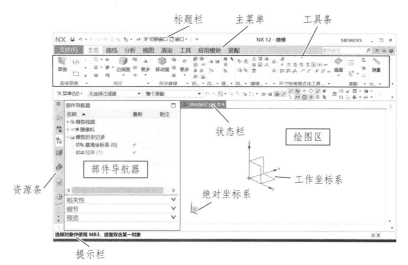

图 1.6　建模环境界面

1）标题栏

在 Unigraphics 工作界面中，窗口标题栏的用途与一般 Windows 应用软件的标题栏用途大致相同。在此，标题栏的主要功能是用于显示软件版本与使用者应用的模块名称，并显示当前正在操作的文件及状态。

2）主菜单

主菜单包含了 UG 软件的主要功能。系统将所有指令或设定选项予以分类，分别放置在不同的下拉菜单中。主菜单又可称为下拉式菜单，单击主菜单栏中任何一个功能时，系统会将菜单下拉并显示出该功能菜单包含的有关指令。

3）工具栏

工具栏位于菜单栏下面，它以简单直观的图标来表示每个工具的作用。单击图标按钮就可以启动相对应的 UG 软件功能，相当于从菜单栏逐级选择到的最后命令（如单击编辑刀具路径按钮，系统将弹出编辑刀具路径的对话框，相当于选择了菜单栏中的"工具"操作导航命令）。

4）绘图区

绘图区是以窗口的形式呈现的，占据了屏幕的大部分空间。绘图区即 UG 的工作区，可用于显示绘图后的图素、分析结果、刀具路径结果等。

5）提示栏和状态栏

提示栏位于绘图区的下方，其用途主要在于提示使用者操作的步骤。在执行每个指令步骤时，系统均会在提示栏中显示使用者必须执行的动作，或提示使用者下一个动作。绘图区上方为状态栏，表示系统当前正在执行的操作。

6）部件导航器

部件导航器是让用户管理当前零件的操作及操作参数的一个树形界面。

7）资源条

资源条中包括装配导航器、部件导航器、约束导航器、重用库、主页浏览器、历史记录、加工向导等。

3. 界面环境的定制

1）工具栏的定制

打开 UG 软件，在建模环境下选择下拉菜单【工具】，找到【定制】命令选项，可对工具栏界面进行定制，同时也可以添加命令以及设置"快捷键"方式和"下拉菜单栏"，如图 1.7 所示。如果定制后对界面不满意，也可以在"角色"中恢复以前的界面。

图 1.7　定制工具栏

2）定制角色模板

UG 软件根据使用者的不同需求设置了一些角色模板，使用者可以在资源条的系统默认角色中调取使用，如图 1.8 所示；同时也可根据自己的喜好设置角色，在【首选项】→【用户界面】→【角色】中定制。

图 1.8　定制角色

3）首选项设置

首选项设置也是影响 UG 工作环境的一个途径。利用功能区【文件】选项卡的【所有首选项】菜单可以为当前正在使用的应用模块设置相关首选项。例如，新建一个模型部件文件后，即在【建模】应用模块中，从功能区【文件】选项卡的【所有首选项】菜单中选择【背景】选项，系统弹出如图 1.9 所示的【编辑背景】对话框，从中设置当前文件的图形窗口背景特性，如颜色和渐变效果；而如果从功能区【文件】选项卡的【所有首选项】菜单中选择【建模】命令，则弹出如图 1.10 所示的【建模首选项】对话框，从中对建模命令设置参数和特性，具体包括建模的"常规""自由曲面""收敛""分析""编辑""仿真"和"更新"七大方面。需要特别说明的是，此后新建的文件将不继承对首选项的更改，这与用户默认设置不同。

图 1.9 【编辑背景】对话框

图 1.10 【建模首选项】对话框

4）定制用户默认设置

在功能区的【文件】选项卡中选择【实用工具】→【用户默认设置】命令，打开如图 1.11 所示的【用户默认设置】对话框，利用该对话框可以在站点、组和用户级别控制众多命令及对话框的初始设置和参数，即可以通过编辑其中各项来定制个性化的工作环境。设置完成后单击【确定】按钮，然后重启 UG 使"用户默认设置"的更改生效。

图 1.11 【用户默认设置】对话框

5）修改环境界面

如果读者喜欢经典的 UG 环境界面，可以按下【Ctrl +2】快捷键打开【用户界面首选项】对话框，然后在【布局】选项面板中选择【经典工具条】选项，在【主题】选项面板中选择【经典】选项即可，如图 1.12 所示。

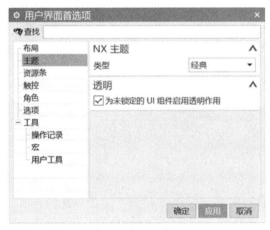

图 1.12　修改环境界面

§1.1.2　常用视图和模型显示

1. 视　图

在设计过程中，经常需要从不同的视点观察物体。设计者从指定的视点沿着某个特定的方向所看到的平面图就是视图。视图也可以认为是指定方向的一个平面投影。在设计中，有时需要剖开物体以观察内部，或者将物体以线框模式显示等。因此，设计者所看到的模型不仅与模型本身的参数和物理特性有关，还与视图紧密相关。对视图的操作主要是通过【视图】工具条上的命令实现的，如图 1.13 所示。

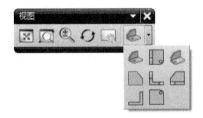

图 1.13　【视图】工具条

视图的方向取决于当前的绝对坐标系，与工作坐标系无关。对视图的各种操作，都不会影响到模型的参数。如平移、旋转、放大等事实上都没有改变模型的参数，只是将当前的绝对坐标系进行变换而已。在 UG 中，每一个视图都有一个名称，即视图名。UG 系统自定义的视图称为标准视图。标准视图主要有【正二侧视图】、【正等测视图】、【上视图】（俯视图）、【下视图】（仰视图）、【左视图】、【右视图】、【前视图】（主视图）、【后视图】。

2. 模型显示

为了查看模型部件或装配体的显示效果，会应用到渲染样式（即显示样式），用户既可以在上边框条【视图】工具栏的显示样式下拉列表中设置显示样式，也可以在功能区【视图】选项卡的【样式】面板中进行设置，如图 1.14 所示。表 1.1 为 UG NX 12.0 模型显示样式一览表。

图 1.14　模型显示样式

表 1.1　模型显示样式一览表

显示样式	图 示	说 明	图 例
带边着色		用光顺着色和打光渲染工作视图中的面并显示面的边	
着色		用光顺着色和打光渲染工作视图中的面（不显示着色面的边），有时在显示效果上与艺术外观接近	
带有淡化边的线框		对不可见的边缘线用淡化的浅色细实线来显示，其他可见的线（含轮廓线）则用相对粗的设定颜色的实线显示	
带有隐藏边的线框		对不可见的边缘线进行隐藏，而可见的轮廓边以线框形式显示	
静态线框		系统将显示当前图形对象的所有边缘线和轮廓线，而不管这些边线是否可见	
艺术外观		根据指派的基本材料、纹理和光源实际渲染工作视图中的面，使得模型显示效果更接近于真实	
面分析		用曲面分析数据渲染工作视图中的分析曲面，即用不同的颜色、线条、图案等方式显示指定表面上各处的变形、曲率半径等情况，可通过【编辑对象显示】对话框（选择【文件】→【编辑】→【对象显示】命令，选择对象后可打开【编辑对象显示】对话框）设置着色面的颜色	
局部着色		用光顺着色和打光渲染工作视图中的局部着色面（可通过【编辑对象显示】对话框来设置局部着色面的颜色，并注意启用局部着色模式），而其他表面用线框形式显示	

§1.2 UG 常用环境变量设置方法

UG 环境变量的功能丰富多彩，设置方法也很简单，在计算机桌面上用鼠标右键点击【我的电脑】→【属性】→【高级】→【环境变量】，如图 1.15 所示，然后新建环境变量名和变量值，或者编辑已有的环境变量值。下面根据实用性总结常用的 UG 环境变量及设置方法。

图 1.15 模型显示样式

1. UG 菜单界面语言系统环境变量

UGII_LANG=simpl_chinese 简体中文菜单界面；

UGII_LANG=english 英文菜单界面；

UGII_LANG=french 法语菜单界面；

UGII_LANG=german 德语菜单界面；

UGII_LANG=japanese 日语菜单界面；

UGII_LANG=italian 意大利语菜单界面；

UGII_LANG=russian 俄语菜单界面；

UGII_LANG=korean 韩语菜单界面。

2. 设置图纸文字字体环境变量

UGII_CHUG 自动调用外挂的环境变量：

UGII_GROUP_DIR 或 UGII_SITE_DIR 或 UGII_VENDOR_DIR 或 UGII_GROUP_DIR=D：\TOOL

3. 设置文字字体的路径的环境变量

ARACTER_FONT_DIR=D：\333DUO\ugfonts（文字字体的路径）。

4. 个性化启动 UG 背景图片的环境变量

UGII_BACKGROUND_PICTURE=D：\QUICKCAM\QHKJ.JPG（图片的路径）。

5. 设置启动文件放置路径的环境变量

UGII_ROOT_DIR=D：\Program Files\UGS\NX12.0\UGII（启动文件放置路径）。

6. 指定后处理文件的环境变量

在 UG 编程加工中，如果要指定后处理文件，可以通过以下方法设置：
UGII_CAM_POST_DIR=D：\TMJ8\postprocessor\（后处理文件的路径，如果其他外挂想用外挂的后处理，需要把这个变量删除）。

7. 设置后处理时 NC 文件的路径的环境变量

在 UG 编程加工中，如果要控制后处理时 NC 文件放置位置不用每次选择文件夹，可以进行如下设置：
UGII_CAM_POST_OUTPUT_DIR=D：\NC（要后处理 NC 文件的路径）。

8. 启用 GC 工具箱变量

UGII_COUNTRY=PRC。

9. 激活表面粗糙度符号选项命令

UGII_SURFACE_FINISH 的值改为 ON。

10. 激活装配图零件明细表

UGII_UPDATE_ALL_ID_SYMBOLS_WITH_PLIST 的值改为 0。

§1.3 图层设置方法

图层相当于传统设计者使用的透明图纸，在每个图层中设计一部分内容，然后将图层叠加起来就构成模型的整体，从而方便绘制和管理对象。在 UG 中，图层是三维的。

§1.3.1　图层管理措施

1. 图层可以命名、分类

为了便于记忆、方便他人修改，图层可以命名、分类。开发大型零部件时，图层管理非常有必要。

2. 图层可以方便出图

出图时将某一图层关掉，比如可以将气缸的盖子打开，出一张俯视图；对于某些大型装配体，只要显示某一层的内容，可以关闭其他图层。

3. 关闭不工作的图层，加快显示速度

出图时为了加快显示速度，通常可以将不需要的图层关闭。有时还需要将某些视图关闭，设为"inactive"。一般来说，越是大型的装配体，图层的作用越重要。所以要养成设置图层的好习惯。

§1.3.2　图层状态

UG 为设计者提供了 256 个可操作图层，在每个图层中可以创建任意数量的对象，但是当前工作图层只能有一个，其他图层可以设置为可见或不可见，或者有些图层可以设置为"可选择"状态。

可以通过【格式】菜单下的菜单项操作图层，其中最常使用的菜单是【图层设置】选项，如图 1.16 所示。选择后将打开【图层设置】对话框，如图 1.17 所示，在此对话框中，可以将某图层设置为当前工作图层，或设置为"不可见""可选"状态等。

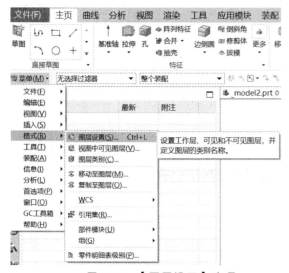

图 1.16　【图层设置】选项

图 1.17　【图层设置】对话框

1. 工作图层

工作图层是指创建对象所在的图层。在【工作图层】下拉列表中可选择任意图层来作为当前图层。

2. 图层在视图中可见

图层在视图中可见是指图层中的模型视图在屏幕中是否可见（即显示与不显示）。表1.2为图层内容，表1.3为常用图层。

表1.2 图层内容一览表

图层号	图层内容
1~20	实体（Solid Bodies）
21~40	草图（Sketchs）
41~60	曲线（Curves）
61~80	参考对象（Reference Geometries）
81~100	片体（Sheet Bodies）
101~120	工程图对象（Drafting Objects）

表1.3 常用图层一览表

图层号	图层内容
1	实体建模图层
21	三维草绘图层
41	曲线（非草绘）图层
61	基本坐标系
101	工程图：轮廓实线
102	工程图：细线
103	工程图：中心
104	工程图：标注
105	工程图：文字

§1.3.3 图层管理方法

1. 建立新类目的步骤

（1）选择菜单【格式】→【图层类别】命令，系统弹出【图层类别】对话框。

（2）在【图层类别】对话框中的【类别】文本框输入新类别的名称。

（3）单击【创建/编辑】按钮，系统弹出【图层类别】对话框。

（4）在【图层】列表中选择需要的图层，单击【添加】按钮，再单击【确定】按钮，即完成新类目的建立。

2. 编辑类目

【图层设置】对话框的选项如表 1.4 所示。

表 1.4 【图层设置】对话框的选项

图层设置	含　义
【工作】文本框	在其中输入某图层类别的名称，系统会选择属于该类别的所有图层，并自动改变其状态
【范围或类别】文本框	在其中输入图层的名称，系统会选择属于该类别的所有图层，并自动改变其状态
【编辑类别】按钮	单击该按钮，弹出【图层类别】对话框，可以利用对话框对图层进行各种相关操作
【信息】按钮	单击该按钮，弹出【信息】对话框。其中显示该部件文件中所有的图层及图层的相关信息，如图层编号、状态和图层类别等
【过滤器】文本框	在其中输入要供设置的图层名称，则系统在过滤器下方的图名列表框内列出符合条件的图层名称
【可选】按钮	利用该按钮可以指定图层的属性设为可选状态，可选状态的图层允许用户选择其上的所有对象
【作为工作图层】按钮	单击该按钮，将指定图层设为工作图层
【不可见】按钮	单击该按钮，隐藏指定的图层，其上的所有对象不可见
【只可见】按钮	单击该按钮，显示指定的图层显示，其上的所有对象可见
【显示对象数量】复选框	选中该复选框，系统会在图层列中各图层号的右边显示它所包含的对象数量
【显示类别名】复选框	选中该复选框，系统会在图层列表框中显示图层所属的图层类别名称
【全部适合后显示】复选框	选中该复选框，系统会将选中图层的所有对象充满整个显示区域

3. 在视图中可见

选择菜单【格式】→【视图中可见图层】命令。在视图列表框中选择需要的视图，单击【确定】按钮，弹出【视图中的可见图层】对话框。在【图层】列表框中选择图层，单击【可见】，使指定的图层可见；单击【不可见】按钮，使指定的图层不可见。

4. 移动至图层

选择【格式】→【移动至图层】命令，系统弹出【类选择】对话框。选择对象，单击【确定】按钮，系统弹出【图层移动】对话框，输入要移动到的图层名或图层类名，或在图层列表中选中某图层，则系统会将所选的对象移动到指定的图层上去。

5. 复制至图层

选择【格式】→【复制至图层】命令，系统弹出【类选择】对话框，提示用户选择对象后，选择对象，单击【确定】按钮，系统弹出【图层复制】对话框，输入要移动到的图层名或图层类名，或在图层列表中选中某图层，则系统会将所选的对象复制到指定的图层上去。

§1.4 基准特征

基准特征是用于建立其他特征的辅助特征，包括基准平面和基准轴。基准平面有助于在圆柱、圆锥、球等旋转实体的回转面上生成特征，还有助于在目标实体面的非法线角度上生成特征。基准轴可用于生成基准面、旋转特征、拉伸体等。

基准包括相对基准和固定基准。相对基准是相关的和参数化的特征，与目标实体的表面、边缘和控制点相关；固定基准不能作为参考基准，也不受其他几何对象的约束，因此，相对基准在建模过程中应用较多。基准平面和基准轴均为相对基准平面和相对基准轴。

§1.4.1 基准平面

基准平面是辅助的绘图参考特征，设计产品的大小、位置、样式都是以基准平面为参考来确定的，删掉一个基准平面，产品将无法定位，也会一同消失（基准平面是不可打印项）。

基准平面的命令在【插入】的【基准平面】里，也可以单击快捷图标，打开基准平面图标以后默认选项是自动判断，通过自动判断可以根据自己所选的图像来创建基准平面。也可以按一定距离来创建基准平面，可以任意选取一个平面作为基准，然后按一定的距离和方向进行平移来得到另一个基准平面。

选择菜单命令【菜单】→【插入】→【基准/点】→【基准平面】，或在【主页】选项卡的【基准/点】下拉菜单中选择【基准平面】命令，如图 1.18（a）所示，打开【基准平面】对话框，可根据需要从【基准平面】对话框的【类型】下拉列表框中选择相应的选项创建基准平面。【类型】下拉列表框中的常用选项说明如图 1.18（b）所示。

（a）

（b）

图 1.18 【基准平面】选项

1. 自动判断

自动判断：针对所选对象系统自动判断创建基准面。

选择该选项后，系统根据所选择的对象自动判断可以创建的基准平面，此时显示基准面的预览，并以箭头显示基准平面的法线方向，单击【平面方位】按钮打开该选项组，单击【反向】图标可改变法线方向，最后单击【确定】按钮创建基准平面。

如图 1.19（a）所示，选择该选项后，选择圆柱面，可显示基准面的预览，单击【确定】按钮可创建如图 1.19（b）所示的基准平面。

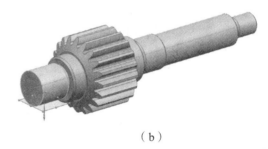

（a）　　　　　　　　　　　　　　　　　（b）

图 1.19　自动判断效果

2. 按某一距离

按某一距离：通过指定与选定平面/基准平面的偏置距离创建基准平面。

选择该选项并选择某个平面/基准平面后，在【偏置】选项组的【距离】文本框中设置所要创建的基准平面与所选对象的距离，最后单击【确定】按钮创建基准平面，如图 1.20（a）、（b）所示。如果在【偏置】选项组的【平面的数量】文本框中设置所创建的基准平面数大于1，可创建相互之间距离为【距离】文本框设定值的多个基准平面，如图 1.20（c）所示。

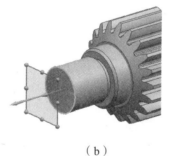
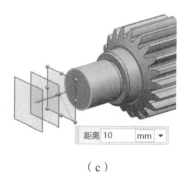

（a）　　　　　　　　　（b）　　　　　　　　　（c）

图 1.20　按某一距离效果

3. 成一角度

成一角度：创建与指定平面/基准平面成一定角度的基准平面。

选择该选项后，选择一个平面/基准平面，然后选择一条直线边缘或基准轴，在角度文本框中设置基准平面与指定平面的角度，单击【确定】按钮可创建通过所选直线并与所选平面成指定夹角的基准平面，如图 1.21 所示。

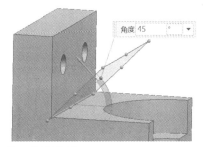

图 1.21　成一角度效果

4. 二等分

二等分：创建位于两个平面/基准平面中间的基准平面。

选择该选项后，依次选择两个平面/基准平面，如图 1.22（a）所示，如果所选的两个平面/基准平面平行，则创建平行且位于所选的两个平面/基准平面中间的基准平面，如图 1.22（b）所示；如果所选的两个平面/基准平面成一定夹角，则创建通过两个平面/基准平面的交线并且平分夹角的基准平面，如图 1.22（c）所示。

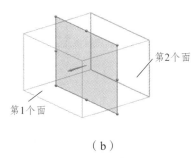
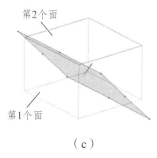

　（a）　　　　　　　　　　　（b）　　　　　　　　　　　（c）

图 1.22　二等分效果

5. 曲线和点

曲线和点：根据指定的曲线、点等对象创建基准平面。

选择该选项后，可在【曲线和点子类型】选项组的【子类型】下拉列表框中选择创建基准平面的方法，如图 1.23（a）所示。例如，如果选择【两点】选项，可依次选择 2 个点，创建以所选的 2 个点定义的方向为法向的基准平面，并通过所选的第 1 个点，如图 1.23（b）所示；如果选择【三点】选项，可依次选择 3 个点，则创建这 3 个点确定的基准平面，如图 1.23（c）所示。

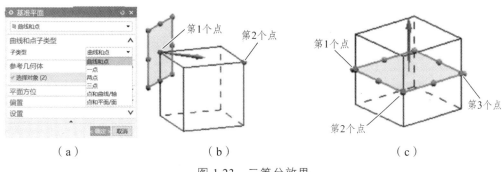

　（a）　　　　　　　　　　　（b）　　　　　　　　　　　（c）

图 1.23　二等分效果

6. 两直线

两直线：根据选择的两条直线创建基准平面。

选择该选项后，依次选择两条直线，单击【确定】按钮可创建通过这两条直线的基准平面，如图 1.24 所示。

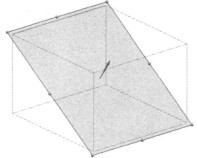

图 1.24　两直线效果

7. 相　切

相切：创建与曲面相切的基准平面。

选择该选项后，可在【相切子类型】下拉列表框中选择创建基准平面的方式。如果选择【相切】或【通过线条】选项时，首先选择要与基准平面相切的曲面，然后选择与曲面平行的直线，可创建通过所选直线并与所选平面相切的基准平面，如图 1.25 所示。可在【平面方位】选项组中单击【备选解】图标，在可能的若干个解中切换。

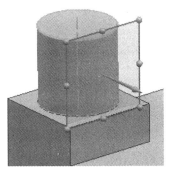

图 1.25　相切效果

8. 通过对象

通过对象：根据选择的对象平面创建基准平面。

选择该选项后，选择某个对象，系统会根据对象的特点创建相应的基准平面。如图 1.26 所示，如果选择圆柱面，则创建通过圆柱轴线的基准平面。

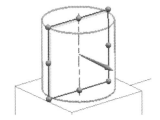

图 1.26　通过对象效果

9. 点和方向

点和方向：根据指定的点和方向创建基准平面。

选择该选项后，可利用上边框条设置点的捕捉方式并选择某个点；也可通过【通过点】选项组的【指定点】右侧的【点】对话框图标打开【点】对话框指定点；或者通过【指定点】最右侧的箭头选择某个选项确定点。所指定的点为基准平面的通过点。

指定基准平面的通过点后，需要指定基准平面的法向。可单击【法向】选项组的【指定矢量】右侧的【矢量】对话框图标，打开【矢量】对话框创建矢量；也可以单击【指定矢量】最右侧的箭头选择矢量方向。最后单击【确定】按钮创建基准面。

如图 1.27 所示，选择该选项后，选择如图 1.27（a）所示的边的中点，然后选择所示的边定义基准平面的法向平行于该边，单击【确定】按钮创建基准平面，如图 1.27（b）所示。

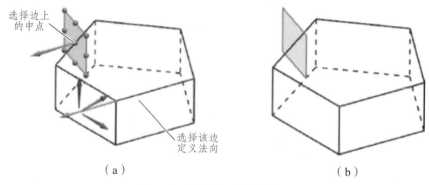

（a）   （b）

图 1.27　通过点和方向效果

10. 在曲线上

在曲线上：根据指定的曲线上的点创建基准面。

选择该选项后，选择曲线上的一个点，则显示通过该点的基准面的预览，如图 1.28 所示，基准平面的法向为曲线的切向。可以通过【曲线上的位置】选项组设置所选点与该曲线起始点的距离，以确定基准平面的位置。单击【曲线】选项组的【反向】图标可翻转曲线起点和终点的位置。

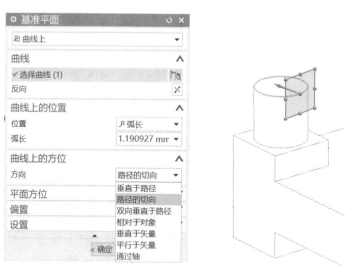

图 1.28　在曲线上效果

§1.4.2　基准轴

基准轴用于确定一个矢量方向，辅助其他命令（如拉伸、旋转、扫掠等）来绘制图形。选择菜单命令【菜单】→【插入】→【基准/点】→【基准轴】，弹出【基准轴】对话框，如图 1.29 所示。

图 1.29 【基准轴】对话框

1. 自动判断

该选项是后面几个选项的总和，根据选择对象的不同由系统自动判断轴的方向。

2. 交 点

功能：根据两个平面或基准平面的交线创建基准轴。

选择该选项后，依次选择两个平面或基准平面，最后单击【确定】按钮，在两个平面或基准平面相交处创建基准轴。

3. 曲线/曲面轴

功能：沿线性曲线、线性边、圆柱面、圆锥面或圆环的轴创建基准轴。

选择该选项后，如果选择线性的曲线或实体的线性边缘，则以所选的曲线或边创建基准轴；如果选择曲面，尤其是回转面，则以回转面的轴线创建基准轴。

4. 曲线上矢量

功能：创建与曲线或边上的某点相切、垂直、双向垂直，或者与另一对象垂直、平行的基准轴。

选择该选项后，选择曲线上的一个点，UG 自动将曲线在该点的切线方向作为基准轴的方向，并显示通过该点的基准轴的预览。也可以选择某个对象（如直线）定义轴线方向，并可通过对话框的【曲线上的位置】选项组调整基准轴的原点。

5. XC 轴（YC 轴、ZC 轴）

功能：沿 WCS 的坐标轴创建基准轴。

选择该选项后，沿相应的坐标轴创建固定基准轴。

6. 点和方向

功能：从一点沿指定方向创建基准轴。

选择该选项后，可利用图形窗口上方的上边框条中点的捕捉方式选择基准轴的通过点；也可以单击【通过点】选项组【指定点】右侧的【点】对话框图标，利用打开的【点】对话框指定通过点，或者单击【指定点】最右侧的箭头，选择某个选项来指定通过点。

指定通过点后，需要指定基准轴的方向。可以单击【方向】选项组【指定矢量】右侧的【矢量】对话框图标，利用打开的【矢量】对话框指定矢量，也可以单击【指定矢量】最右侧的箭头选择矢量，并在【方位】下拉列表框中设置基准轴方向与所指定矢量的平行或垂直关系，最后单击【确定】按钮创建基准轴。

7. 两 点

功能：根据指定的两个点创建基准轴。

选择该选项后，依次选择两个点定义基准轴，基准轴的方向默认为由所选的第一个点指向第二个点。单击【轴方位】选项组的【反向】图标，可翻转基准轴的方向。

§1.5　UG 导入、导出格式

建模的软件有多种，并不是所有公司、个人都用同一种软件建模。但是有时候我们又需要进行模型之间的交流。比如我们用的是 UG 软件，而其他客户用的是 Solidworks 软件，或者需要导入其他分析软件进行处理，如 ANSYS 软件。这个时候为了大家都能打开模型、使用模型，我们需要一种通用格式的文件来供大家使用，如 STEP、IGES、STL 等，具体选择哪种格式取决于具体需求和使用场景。例如，如果需要将 UG 文件导出为 CAD 格式，可以选择 STEP 或 IGES 格式，这些格式广泛用于 CAD 领域，支持在不同的 CAD 软件之间进行模型数据的交换。而如果需要将模型用于 3D 打印或快速成型，则可以选择 STL 格式，这是一种专门用于描述三维表面几何形状的文件格式。

UG 可以打开的文件格式有 prt、stp、step、igs、iges、asm、x_t 等，用户可以在新建文件里找到所有的格式。以下是几种常用的导入、导出格式：

（1）STP 格式：也称作 STEP（Standard for the Exchange of Product Data），是一种数据交换标准，全称为标准产品建模数据。这种格式设计用于解决不同 CAD 软件间的兼容问题，能够详细记录产品数据，不仅包括几何形状，还涉及制造信息和其他属性。由于 STP 格式的这些特点，它成为 CAD 领域中广泛应用的数据交换格式之一。几乎所有 CAD 软件都支持导入和导出 STEP 文件。可以通过导入 STEP 文件来获取 3D 模型的几何信息和构造树结构，以便后续使用。

（2）IGES 格式：IGES（Initial Graphics Exchange Specification）格式也是一种广泛接受的数据交换形式。IGES 格式重点在于曲面和曲线数据的交换，这使它在传递复杂几何形状时非常有用。在 UG 环境中导入 IGES 数据时，可能需要进行额外的数据修正步骤，因为 IGES 可能不会保留所有的模型参数。

IGES 作用于曲面较多的图像保存更完整，STP 作用于实体较多的图像保存更完整，如果是简单的图形相差不大。

（3）Parasolid 格式：Unigraphics 软件的原生文件格式，也是 UG 编程中最常用的导入格式之一。Parasolid 文件可以完整地保留 Unigraphics 软件中的几何信息、曲面拓扑和构造树结构，方便进行进一步的编程操作。

（4）DXF 格式：DXF（Drawing Exchange Format）格式主要用于交换及处理二维图形信息。虽然它支持三维数据，但在 UG 中更多地用于导入二维绘图。DXF 格式是 AutoCAD 的原生格式，也被其他多种图形软件支持。在 UG 中，使用 DXF 文件可以方便地进行二维到三维的转换工作。

（5）STL 格式：STL（STereo Lithography）格式是一种用于描述 3D 模型表面几何形状的文件格式，通常用于 3D 打印和快速原型制造。可以将 STL 文件导入 Unigraphics 中，以便进行模型分析、修复或修改。

（6）其他格式：除了上述常用的格式，UG 还支持导入其他各种格式的文件，如 CATIA（CATPart、CATProduct）、Pro/E（prt、asm）、Solidworks（sldprt、sldasm）等，以便在 UG 中使用。

第 2 章　草图绘制

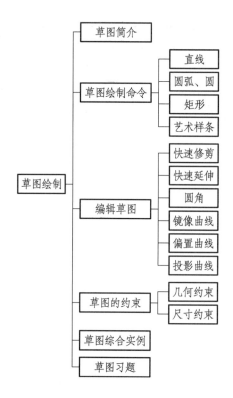

§2.1　草图简介

　　草图（也称为草图曲线）是与实体模型相关联的二维轮廓线的集合。在草图环境下完成草图的绘制并退出草图环境后，可以对所绘的图形进行拉伸、旋转、扫掠等操作，创建实体模型，如图 2.1 所示。既然是草图，即有便于修改、能够灵活控制的特点（也就是专业名词**参数化修改**、添加尺寸及几何约束）。建立的这些曲线可以用于拉伸，绕一根轴旋转形成实体，定义自由曲面形状特征或作为扫掠曲面的截面线。

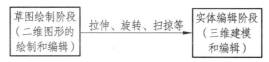

图 2.1 草图与三维实体的关系

1. 为什么使用草图呢？（Why）

草图在特征树上显示为一个特征，特征具有参数化和便于编辑修改的特点。可以快速手绘出大概的形状，再添加尺寸和约束后完成轮廓的设计，这样能够较好地表达设计意图，如图 2.2 所示。草图和其生成的实体是相关联的，当设计项目需要优化修改时，修改草图上的尺寸和替换线条可以很方便地更新最终的设计。另外，草图还便于管理曲线。

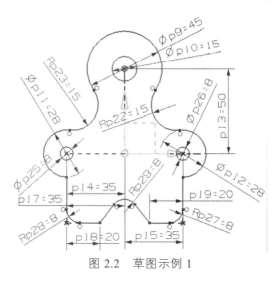

图 2.2 草图示例 1

2. 什么时候使用草图？（When）

（1）当需要参数化控制曲线时；
（2）当 UG 的成型特征无法构造形状时；
（3）当使用一组特征去建立希望的形状而使该形状较难编辑时；
（4）从部件到部件尺寸改变但有一共同的形状，草图应考虑作为一个用户定义特征的一部分；
（5）模型形状较容易由拉伸、旋转或扫掠建立时。

3. 在哪启动草图？（Where）

1）在工具条上启动（见图 2.3）

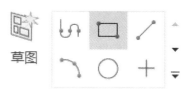

草图

图 2.3　草图命令

2）在菜单上启动

【菜单】→【插入】（Insert）→【草图】（Sketch），选择一个基准面或者在一个平面上右击，如图 2.4 所示。

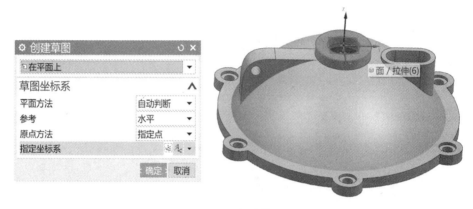

图 2.4　启动草图

4. 如何创建草图？（How）

要绘制和设置草图，需要创建一个平面作为支持面并进入草图环境。创建草图平面的方式有：在平面上和在轨迹上两种。

单击【特征】工具条中的【草图】按钮，打开【创建草图】对话框，在该对话框【类型】标签栏的下拉列表中选择【在平面上】选项，然后依次确定作为草图平面的平面和草图平面的参考方向，即可创建草图平面。

1）在平面上

在平面上是指以平面为参照面创建所需的草图工作平面，在【平面选项】下拉列表中提供了 3 种指定草图工作平面的方式。

（1）现有平面：选择该选项可以指定基准平面或三维实体模型中的任意平面作为草图工作平面，如图 2.5 和图 2.6 所示。

现有的平面：表示选择现有的平面（包括基准坐标平面、基准平面或实体的面等）作为草图平面，如图 2.7 所示。

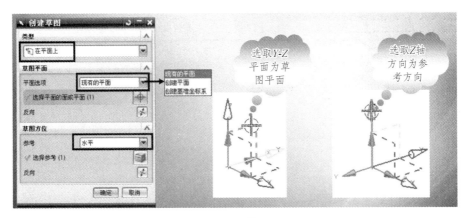

图 2.5　选择草图平面

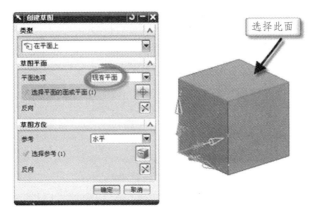

图 2.6　选择现有平面为草图平面

图 2.7　两种现有的平面为草图平面

（2）创建平面：可以利用现有的坐标系平面、基准平面、实体表面等平面为参照，创建出新的平面作为草图工作平面，如图 2.8 所示。

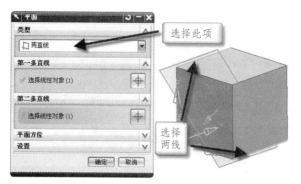

图 2.8　创建草图平面

步骤如下：

第一步：在【创建草图】对话框中选择【创建基准坐标系】选项，并单击【创建基准坐标系】按钮，如图 2.9 所示。

图 2.9　【创建草图】对话框

第二步：在类型选项卡下选择【原点，X 点，Y 点】选项，依次选择方体的三个顶点，如图 2.10 所示。

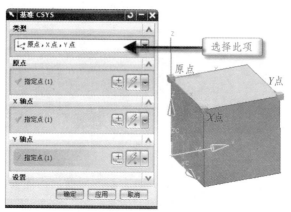

图 2.10　选择原点

（3）创建基准坐标系：以指定点、矢量等作为参考，创建一个新的基准坐标系，然后选择该坐标系的基准平面作为草绘平面。

2）在轨迹上

该方式是以直线、圆、实体边缘、棱线等曲线为轨迹，通过与该轨迹设置垂直和平行等方位约束创建平面，如图 2.11 所示。

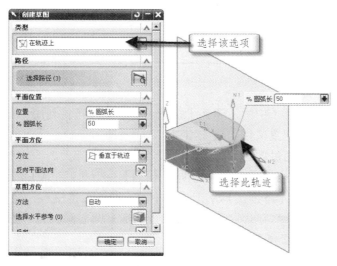

图 2.11　在轨迹上创建草图平面

注意：当选择【在轨迹上】类型创建草图平面时，绘图区必须存在可供选取的线段、圆、实体边等曲线轨迹。

§2.2　草图绘制命令

绘制常见的二维图形包括以下命令：轮廓、直线、圆弧、圆、矩形、艺术样条等；编辑草图常见命令有：偏置曲线、快速修剪、快速延伸、草图镜像、拐角、圆角等。图 2.12 为常见二维图形绘制命令，表 2.1 为常见草图绘制命令分类。

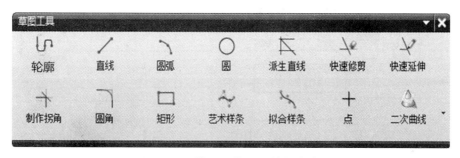

图 2.12　常见二维图形绘制命令

表 2.1　常见草图绘制命令

1. 绘制常见的二维图形	2. 编辑草图	3. 草图约束	
① 轮廓	① 快速修剪	① 尺寸约束	② 几何约束
② 直线	② 偏置曲线	长度	平行
③ 圆弧	③ 快速延伸	半径	垂直
④ 圆	④ 草图镜像	……	共线
⑤ 矩形	⑤ 拐角		对称
⑥ 艺术样条	⑥ 圆角		……

1. 圆弧和圆

利用【草图曲线】工具条中的【圆弧】按钮可以绘制圆弧，利用【圆】按钮可以绘制整圆，其绘制方法同使用【配置文件】功能相似。

（1）圆弧：该命令可通过两种方法绘制圆弧。

① 调用命令：选择【插入（S）】→【曲线（C）】→【圆弧（A）】命令。

② 在草图模式中单击【草图工具】工具条中的【圆弧】按钮。

图 2.13（a）为通过三点画圆弧，图 2.13（b）为通过圆心画圆弧，图 2.14 为三点画圆弧步骤，图 2.15 为圆心画圆弧步骤。

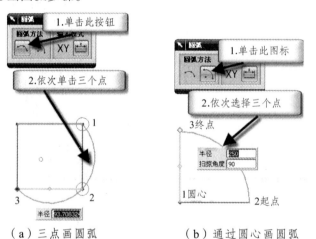

（a）三点画圆弧　　　　（b）通过圆心画圆弧

图 2.13　绘制圆弧

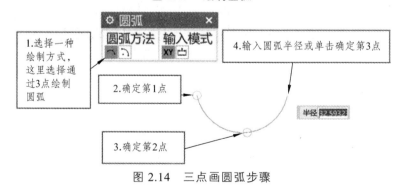

图 2.14　三点画圆弧步骤

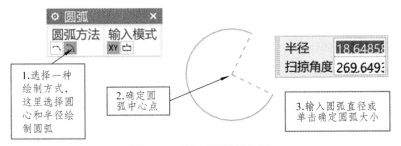

图 2.15　圆心画圆弧步骤

（2）圆：该命令可通过两种方法绘制圆。

① 调用命令：选择【插入（S）】→【曲线（C）】→【圆（C）】命令。

② 在草图模式中单击【草图工具】工具条中的【圆】按钮。

图 2.16 为圆心画圆，图 2.17 为三点画圆。

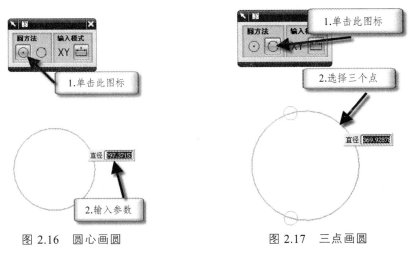

图 2.16　圆心画圆　　　　　　　　图 2.17　三点画圆

2. 直　线

在 UG 中，常用的草图绘制直线的方法有：直线、轮廓和派生直线等方法。图 2.18 所示为使用【直线】 ╱ 对话框绘制直线。

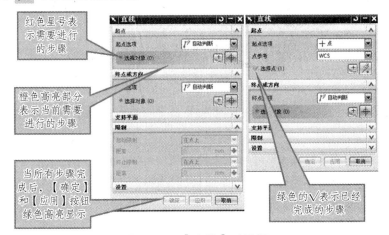

图 2.18　【直线】对话框

绘制直线时，只要先输入起点坐标，再输入终点坐标，点击【确定】按钮即可绘制出直线。

3. 矩　形

① 调用命令：选择【插入（S）】→【曲线（C）】→【矩形（R）】命令。

② 在草图模式中单击【草图工具】工具条中的【矩形】按钮。

矩形的绘制方法有三种：如图 2.19 所示为通过确定矩形的两个对角坐标绘制矩形；如图 2.20 所示为通过三个角点绘制矩形；如图 2.21 所示为通过中心点和矩形长宽绘制矩形。

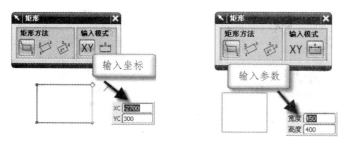

图 2.19　两对角点绘制矩形

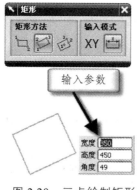
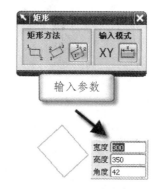

图 2.20　三点绘制矩形　　　　图 2.21　中心点绘制矩形

4. 派生直线

对单个草图直线派生时，生成给定距离的等长平行线；对两个草图直线派生时，生成两直线的平分线。

① 调用命令：选择【插入（S）】→【来自曲线集的曲线（F）】→【派生直线（I）】命令。

② 单击【草图工具】工具条中的【派生直线】按钮。

图 2.22（a）为选择两平行线后生成中间线，图 2.22（b）为选择一直线生成偏置直线，图 2.22（c）为选择相交直线生成平分线。

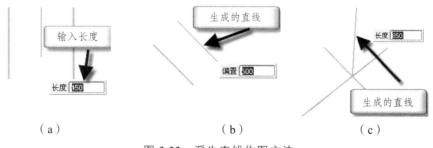

（a）　　　　　　　　　（b）　　　　　　　　（c）

图 2.22　派生直线作图方法

5. 艺术样条曲线

样条曲线（Spline Curves）是指给定一组控制点而得到一条曲线，曲线的大致形状由这些点予以控制，一般可分为插值样条曲线和逼近样条曲线两种。艺术样条曲线的绘制包括三个要素：

① 定义点：定义样条曲线的点。根据极点方法创建的样条曲线没有定义点，在编辑样条曲线时可以添加定义点，也可以删除定义点。

② 节点：每段样条曲线的端点。单段样条曲线只有两个节点，即起点和终点；多段样条曲线的节点数=段数－1。

③ 封闭曲线：通常，样条曲线是开放的，它们开始于一点，而结束于另一点。通过选择封闭曲线选项可以创建开始和结束于同一点的封闭样条曲线。该选项仅可用于多段样条曲线的绘制。

草图环境中点击【艺术样条】命令，弹出【艺术样条】对话框，如图 2.23（a）所示，可以选择【通过点】，也可以选择【根据极点】，绘制节点后，样条曲线就拟合好了，如图 2.23（b）所示。

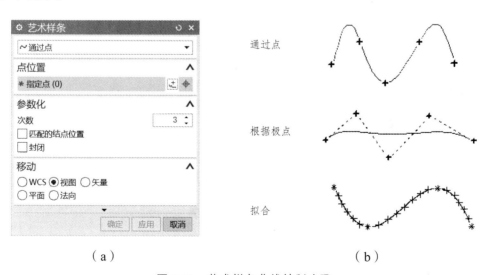

（a）　　　　　　　　　　　　　　　（b）

图 2.23　艺术样条曲线绘制步骤

§2.3 编辑草图

§2.3.1 快速修剪

快速修剪用于修剪多余的图线。

① 调用命令：选择【编辑（E）】→【曲线（V）】→【快速修剪（Q）】命令。

② 单击【草图工具】工具条中的【快速修剪】按钮。

快速修剪的步骤如图 2.24 所示。

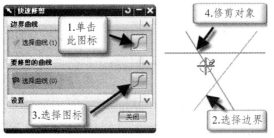

图 2.24　快速修剪步骤

1. 连续修剪

按住鼠标左键并拖动，光标变成画笔，画笔所经过的区域均被修剪，如图 2.25 所示。

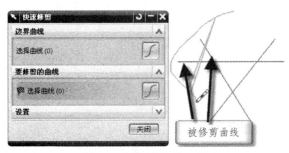

图 2.25　连续修剪步骤

2. 边界修剪

边界修剪的步骤如图 2.26 所示。

图 2.26　边界修剪步骤

§2.3.2 快速延伸

① 调用命令：选择【编辑（E）】→【曲线（V）】→【快速延伸（E）】命令。
② 单击【草图工具】工具条中的【快速延伸】按钮。

选择需要延伸的直线或曲线，延伸选定的图线至最近的边界，如图 2.27 所示。

图 2.27　快速延伸步骤

1. 统一延伸

按住鼠标左键并拖动，光标变成画笔，画笔所经过的区域均可延伸到下一个边界，如图 2.28 所示。

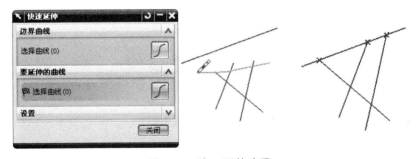

图 2.28　统一延伸步骤

2. 边界延伸

选取任意曲线为边界曲线，选择需要延伸的曲线端部，则曲线自动延伸到边界曲线，如图 2.29 所示。

注意：可连续选择多条边界线。

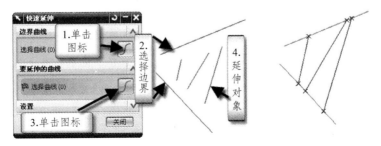

图 2.29　边界延伸步骤

§2.3.3 圆 角

（1）调用命令：选择【插入（S）】→【曲线（V）】→【圆角（F）】命令。
（2）在草图模式中单击【草图工具】工具条中的【圆角】按钮 。

1. 精确圆角

依次选择要倒圆角的两条曲线，在文本框输入半径后，按"Enter"键即可，如图 2.30 所示。

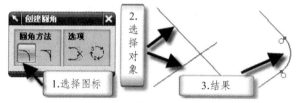

图 2.30 圆角命令步骤

2. 粗略圆角

利用鼠标左键拖动，光标变成画笔，与曲线相交生成圆角，圆角半径大小由系统自动判断，如图 2.31 所示。

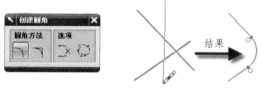

图 2.31 粗略圆角命令

3. 删除第三条曲线生成圆角

如图 2.32 所示，依次选择 1、2、3 三条图线，第 3 条线生成圆角后被删除。使用该方法时应注意选取图线的顺序。

图 2.32 删除第三条曲线生成圆角命令步骤

§2.3.4 镜像曲线

该命令是较常用的草图操作命令。在绘制对称图形时，只需绘制一半的曲线，然后通过该命令生成关于中心直线对称的曲线，最后对曲线进行镜像约束。

在草图环境中点击功能区【镜像】　　命令，弹出如图 2.33（a）所示的对话框，选择图 2.33（b）中右侧直线为中心线，然后选择图 2.33（b）中月牙曲线为想要镜像的曲线，点击【确定】按钮，即得到图 2.33（c）所示的镜像曲线。

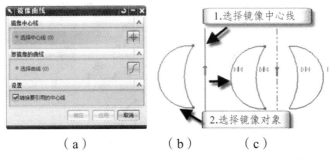

（a）　　　　（b）　　　（c）

图 2.33　镜像曲线命令

§2.3.5　偏置曲线

偏置曲线可以用于生成偏置一定距离的曲线，并且生成偏置约束。修改原先的曲线，将会更新偏置的曲线。

在草图环境中点击功能区【偏置】　　命令，弹出如图 2.34（a）所示的对话框，选择图 2.34（b）中上面曲线为要偏置的曲线，填写偏置距离为 15，则生成图 2.34（b）下面的图形。偏置曲线时需要注意偏置方向。另外，可以同时对称偏置，也可以同时偏置多条曲线。

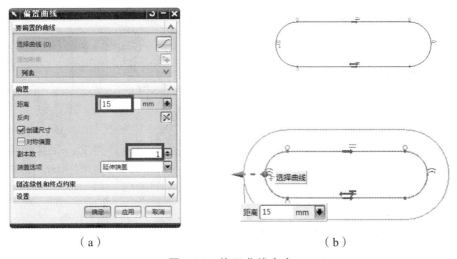

（a）　　　　　　　　　　　（b）

图 2.34　偏置曲线命令

§2.3.6　投影曲线

投影曲线可以将二维曲线、实体或片体的边界按垂直于草图工作平面的方向投影到草图中生成草图曲线。

打开文件，在图 2.35 左图基准面上建立草图。进入草图环境，选择【插入（S）】→【派生曲线（U）】→【投影曲线（I）】命令，或在草图模式中单击【草图工具】工具条中的【投影曲线】 ⏁ 按钮，弹出如图 2.36 所示的对话框。选择图 2.35 左图的左边线框为要投影的曲线，点击【确定】按钮生成右图的投影曲线。

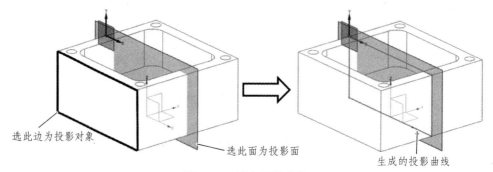

图 2.35　创建投影曲线

图 2.36　【投影曲线】对话框

§2.4　草图的约束

在绘制草图的大概形状后，需要对草图进行约束，以满足设计要求。草图约束分为几何约束和尺寸约束两类。几何约束用于确定草图对象的形状以及在坐标平面中的位置；尺寸约束用于确定草图对象的大小。

（1）几何约束就是确定草图对象在坐标平面上的位置，如平行、同心、等长、共线等。

（2）尺寸约束有水平、竖直、平行、垂直、角度、直径、半径、周长 8 种类型，使用时根据尺寸的类型进行选择，一般利用系统"自动判断尺寸"来进行，而不作其他选择。

（3）自动约束是在【草绘约束】工具条上单击【自动约束】按钮，弹出【自动创建约束】对话框，选择需要创建的约束，就会在已绘制的草图中自动创建所选择的约束。

（4）显示所有约束。

（5）显示/移除约束，此对话框主要用作检查草图对象是"过约束"还是"欠约束"。

（6）转换至/自参考对象，此对话框主要用于将草图对象或尺寸转化为参考对象（辅助线或辅助尺寸）。

（7）自动推断约束设置是在进行草图绘制之前，可预先设置相应的约束选项，在绘制草图时，系统会自动在相应的对象间添加相应的约束项。

草图约束命令如图 2.37 所示。

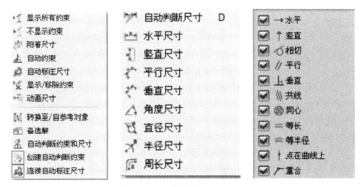

图 2.37　草图约束命令

1. 尺寸约束

对图线的大小尺寸及相对位置进行标注，尺寸数值的变更直接反映图形的大小和相对位置的变化，包括水平、竖直、平行、垂直、角度、直径、半径、周长等。

① 调用命令：选择【插入（S）】→【尺寸（M）】菜单命令。

② 在草图模式中单击【草图工具】工具条中的【自动判断尺寸】按钮。

（1）水平约束：对所选对象水平方向（平行于 XC 轴）的尺寸进行约束，如图 2.38 所示。

（2）竖直约束：对所选对象竖直方向（平行于 YC 轴）的尺寸进行约束，如图 2.38 所示。

（3）平行约束：对两点间的距离尺寸进行约束，即用两点的连线长度作为标注尺寸，尺寸线平行于两点的连线方向，如图 2.39 所示。

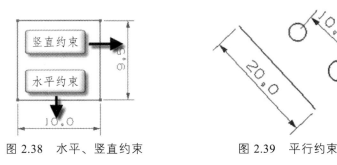

图 2.38　水平、竖直约束　　　　　图 2.39　平行约束

（4）垂直约束：对点到线的尺寸进行约束。用点到直线的垂直距离的长度作为标注尺寸，尺寸线垂直于所选的直线，如图 2.40 所示。

（5）角度约束：对所选两直线进行角度尺寸约束。系统根据所选择的位置进行标注，如图 2.41 所示。

（6）直径约束：约束圆的直径尺寸，如图 2.42 所示。

（7）半径约束：约束圆弧的半径尺寸，如图 2.42 所示。

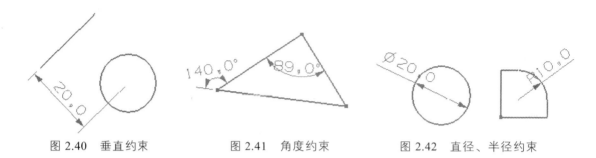

图 2.40　垂直约束　　　　图 2.41　角度约束　　　　图 2.42　直径、半径约束

2. 几何约束

对图形的各种几何元素进行约束，几何约束命令如图 2.43 所示。

① 调用命令：选择【插入（S）】→【约束（T）】命令。

② 在草图模式中单击【草图工具】工具条中的【约束】按钮。

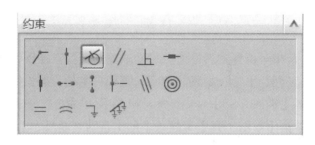

图 2.43　几何约束命令

（1）固定约束：将草图对象固定到当前位置。点一般固定其所在的位置；线一般固定其角度或端点，如图 2.44 所示；圆或椭圆一般固定其圆心；圆弧一般固定其圆心或端点。

注意：曲线端点固定后，固定端无法移动，另一端仍然可以移动。

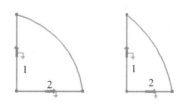

图 2.44　固定约束命令

（2）完全固定约束：添加该约束后，草图不再需要任何约束，草图上的所有元素均不可改变形状和大小。

（3）共线约束：将一根或多根直线移动到参考直线上，如图 2.45 所示。

（4）水平约束：将一根或多根直线转变为水平直线，即平行于工作坐标系的 XC 轴，如图 2.46 所示。

（5）竖直约束：将一根或多根直线转变为竖直直线，即平行于工作坐标系的 YC 轴，如图 2.46 所示。

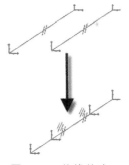

图 2.45　共线约束

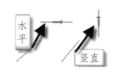

图 2.46　水平、竖直约束

（6）平行约束：定义两条曲线互相平行，如图 2.47 所示。

（7）垂直约束：定义两对象垂直，如图 2.48 所示。

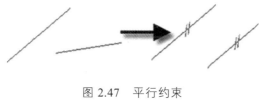

图 2.47　平行约束

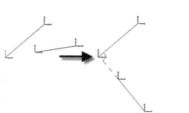

图 2.48　垂直约束

（8）等长度约束：定义选取的直线或曲线长度相等。

（9）恒定长度约束：定义选取的曲线为固定长度，如图 2.49 所示。

（10）恒定角度约束：定义选择的两直线间的角度固定，如图 2.50 所示。

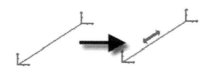

图 2.49　恒定长度约束

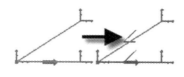

图 2.50　恒定角度约束

（11）相切约束：定义选取的两个对象相切，如图 2.51 所示。

（12）同心约束：定义圆弧或椭圆弧的圆心相互重合，如图 2.52 所示。

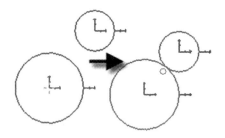

图 2.51　相切约束

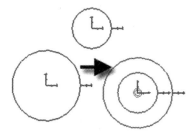

图 2.52　同心约束

（13）等半径约束：定义圆或圆弧半径相等，如图 2.53 所示。

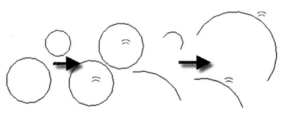

图 2.53　等半径约束

（14）中点约束：定义点位于某一图线（直线或圆弧）的中点位置上，如图 2.54 所示。

图 2.54　中点约束

（15）重合（共点）约束：将两个或多个点位于同一个位置上，如图 2.55 所示。

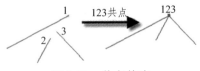

图 2.55　共点约束

3. 自动约束的创建

在创建自动约束前，首先要任意画几条直线，然后进行自动约束，【几何约束】对话框如图 2.56 所示。在自动约束里面也可以自定义命令，把需要的命令定义到工具栏中。以矩形为例，在自动约束中勾选重合命令，然后框选矩形，再拖动矩形就不会出现矩形分开的现象了。

图 2.56　【几何约束】对话框

§2.5　草图综合实例

§2.5.1　连杆轮廓的绘制

1. 连杆轮廓的绘制要求

学习目标：通过本项目的学习，熟练掌握圆、直线、矩形、倒圆角、几何约束、尺寸约束、偏置曲线、快速修剪、设为对称等命令的应用与操作方法。

学习重点：综合运用各种命令绘制连杆零件轮廓的二维草图，如图 2.57 所示。

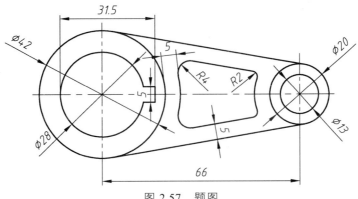

图 2.57　题图

2. 连杆轮廓的绘制流程

连杆轮廓的绘制流程如图 2.58 所示。

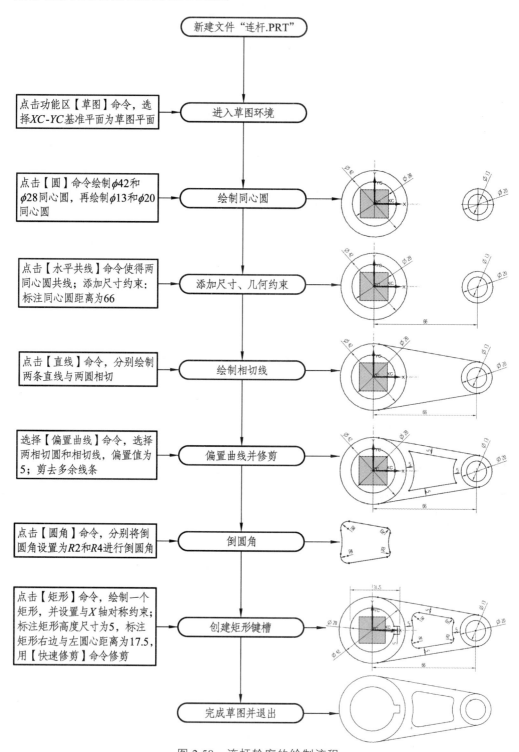

图 2.58　连杆轮廓的绘制流程

3. 连杆轮廓的绘制步骤

1）绘制同心圆

新建文件，点击【草图】或选择【插入】→【任务环境中的草图】菜单命令，然后选择 XC-YC 基准平面，如图 2.59（a）所示，在草图中绘制 $\phi42$ 圆和 $\phi28$ 圆，约束两圆同心，如图 2.59（b）所示。

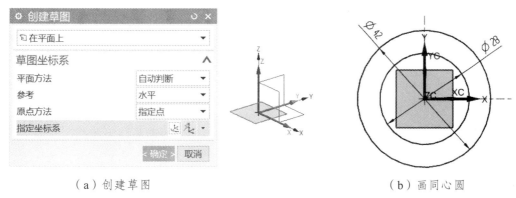

（a）创建草图　　　　　　　　　　　（b）画同心圆

图 2.59　绘制同心圆

2）绘制另一同心圆

分别在 X 轴上绘制 $\phi13$ 圆和 $\phi20$ 圆，约束两圆同心，并将其与坐标系原点之间的距离设置为 66，如图 2.60 所示。

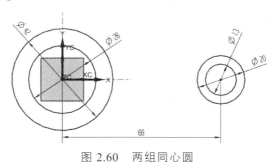

图 2.60　两组同心圆

3）绘制切线

选择【直线】命令，分别绘制两条直线并分别与 $\phi42$ 和 $\phi20$ 圆相切，如图 2.61 所示。

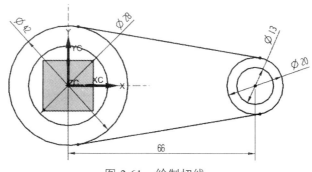

图 2.61　绘制切线

4）偏置曲线

（1）选择【偏置曲线】命令，按照图纸要求偏置轮廓曲线。

（2）选择【快速修剪】命令，修剪草图，如图 2.62 所示。

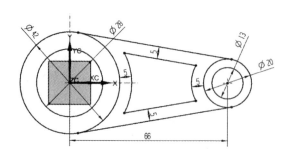

图 2.62　偏置曲线并修剪

5）创建倒圆角

选择【圆角】命令，分别将倒圆角设置为 R2 和 R4，如图 2.63 所示。

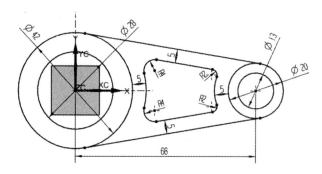

图 2.63　创建倒圆角

6）创建矩形键槽

（1）选择【矩形】命令，绘制一个矩形，并设置与 X 轴对称约束。

（2）选择【快速修剪】命令，对草图进行修剪。

（3）选择【自动判断尺寸】命令，分别标注尺寸，如图 2.64 所示。

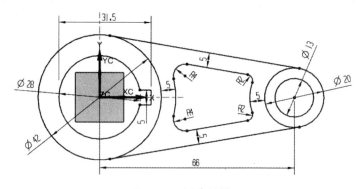

图 2.64　创建键槽

7）完成草图

自此完成草图，点击图 2.65（a）所示的【完成草图】按钮 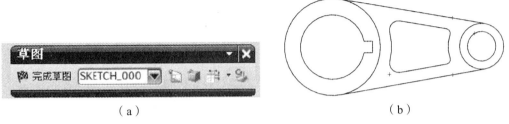，退出草图，得到图 2.65（b）所示的图形，即完成连杆轮廓的草图绘制。

（a）　　　　　　　　　　　　　　　　　　　（b）

图 2.65　完成草图

§2.5.2　支架轮廓的绘制

1. 支架轮廓的绘制要求

学习目标：通过本项目的学习，熟练掌握圆、圆弧、轮廓线、倒圆角、几何约束、尺寸约束、偏置曲线、镜像曲线、快速修剪等命令的应用与操作方法。

学习重点：综合运用各种命令绘制支架零件轮廓的二维草图，如图 2.66 所示。

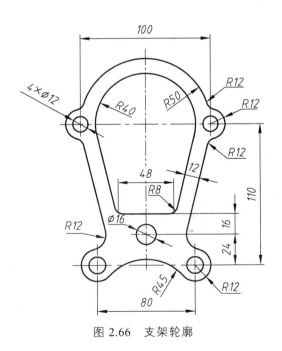

图 2.66　支架轮廓

2. 支架轮廓的绘制流程

支架轮廓的绘制流程如图 2.67 所示。

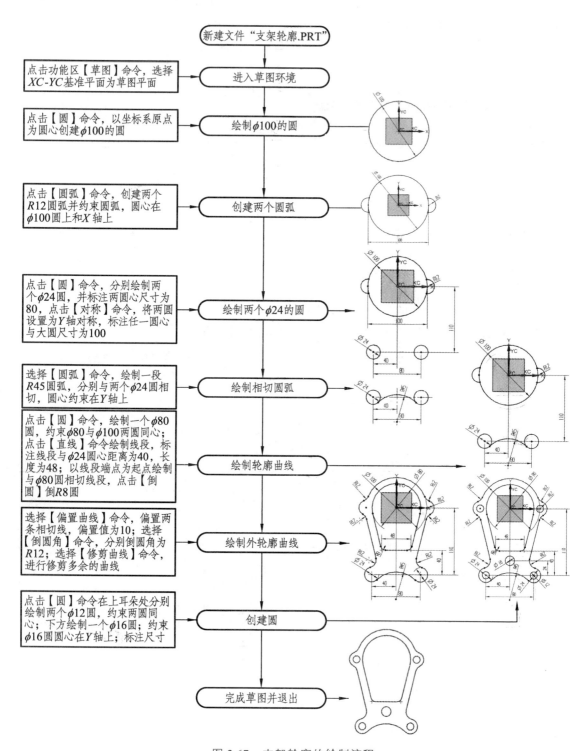

图 2.67　支架轮廓的绘制流程

3. 支架轮廓的绘制步骤

（1）新建文件"支架轮廓.PRT"，选择 XC-YC 基准平面，进入草绘环境，创建 $\phi100$ 圆，并约束圆心在坐标系原点，如图 2.68（a）所示；创建两个 $R12$ 圆弧并约束圆弧，圆心在 $\phi100$ 圆上和 X 轴上，如图 2.68（b）所示。

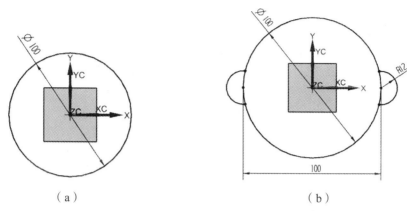

（a）　　　　　　　　　　　　　（b）

图 2.68　绘制步骤 1

（2）绘制两个 $\phi24$ 圆，并标注尺寸，如图 2.69（a）所示。

（3）绘制一段 $R45$ 圆弧，分别与两个 $\phi24$ 圆相切，圆心约束在 Y 轴上，如图 2.69（b）所示。

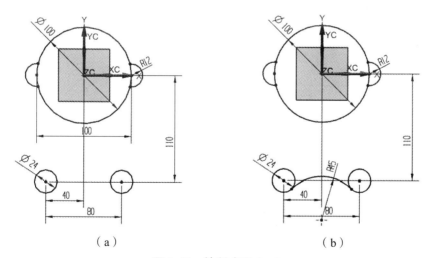

（a）　　　　　　　　　　　　　（b）

图 2.69　绘制步骤 2、3

（4）绘制一个 $\phi80$ 圆，约束 $\phi80$ 与 $\phi100$ 两圆同心，如图 2.70（a）所示。

（5）选择【轮廓曲线】命令，绘制轮廓曲线，标注尺寸，并修剪曲线，如图 2.70（b）所示。

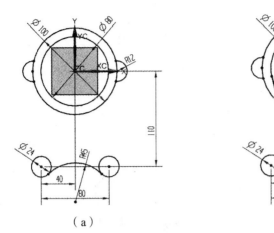

（a）　　　　　　　　　　　（b）

图 2.70　绘制步骤 4、5

（6）偏置曲线：选择【偏置曲线】命令，按图纸要求偏置轮廓曲线；选择【倒圆角】命令，分别倒圆角为 $R12$；选择【修剪曲线】命令，进行修剪轮廓曲线，如图 2.71（a）所示。

（7）创建圆：在上耳朵处分别绘制两个 $\phi12$ 圆，约束两圆同心；下方绘制一个 $\phi16$ 圆，约束 $\phi16$ 圆圆心在 Y 轴上；标注尺寸，如图 2.71（b）所示。

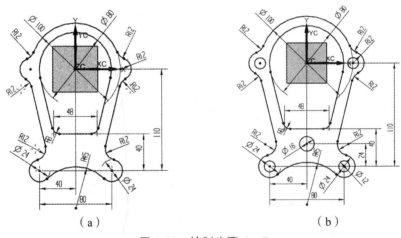

（a）　　　　　　　　　　　（b）

图 2.71　绘制步骤 6、7

（8）保存文件：退出草图环境，并保存文件，完成支架轮廓的草图绘制，如图 2.72 所示。

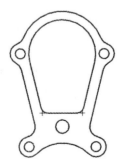

图 2.72　支架轮廓

§2.6　草图习题

§2.6.1　绘制吊钩

1．项目要求

用圆、圆弧、圆角、几何约束（相切、同心）、快速修剪，完成吊钩零件的建模，如图 2.73 所示。

2．项目剖析

分析项目要求可知，完成本项目所需要解决的主要问题是如何完成相切约束。

3．项目实施

用圆、圆弧、圆角、几何约束（相切、同心）、快速修剪、快速延伸、标注完成图示草图的绘制。

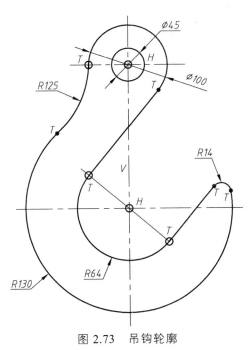

图 2.73　吊钩轮廓

§2.6.2　绘制垫片

综合运用各种命令绘制垫片的二维草图，如图 2.74 所示。文件命名为"垫片.PRT"。

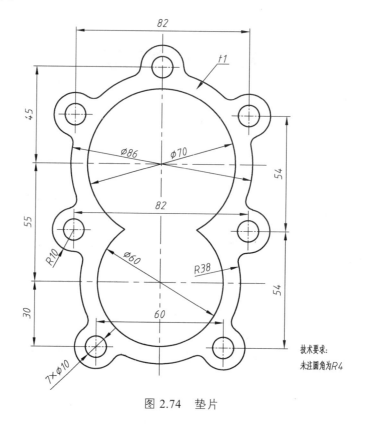

图 2.74 垫片

§2.6.3 绘制支撑板

综合运用各种命令绘制支架零件轮廓的二维草图（请自学草图"阵列曲线"命令完成图中ϕ12 圆），如图 2.75 所示。文件命名为"支撑板.PRT"。

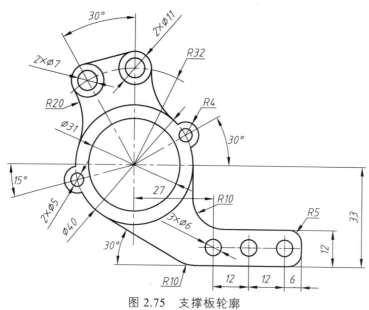

图 2.75 支撑板轮廓

第 3 章　零件图的实体建模

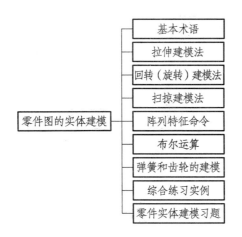

§3.1　基本术语

三维建模中包含的术语有：特征、体、片体、实体、面、截面线、对象等，如表 3.1 所示。

表 3.1　三维建模中的术语

术语	含　义
特征	特征是由具有一定几何、拓扑信息以及功能和工程语义信息组成的集合，是定义产品模型的基本单元，如孔、凸台等。特征的基本属性包括尺寸属性、精度属性、装配属性、功能属性、工艺属性、管理属性等。使用特征建模技术提高了表达设计的层次，使实际信息可以用工程特征来定义，从而提高了建模速度
体	体包括实体和片体两大类
片体	片体是指一个或多个没有厚度概念的面的集合
实体	实体是具有三维形状和质量的，能够真实、完整和清楚地描述物体的几何模型。在基于特征的造型系统中，实体是各类特征的集合
面	面是由边缘封闭而成的区域。面可以是实体的表面，也可以是一个壳体
截面线	截面线是扫描特征截面的曲线，可以是曲线、实体边缘、草图
对象	对象包括点、曲线、实体边缘、表面、特征、曲面等

在 UG NX 中，特征可分为三大类：

（1）参考几何特征：在 UG NX 中，三维建模过程中使用的辅助面、辅助轴线等是一种特征，这些特征就是参考几何特征。由于这类特征在最终产品中并没有体现，所以又称为虚体特征。

（2）实体特征：零件的构成单元，可通过各种建模方法得到，比如拉伸、旋转、扫掠、放样、孔、倒角、圆角、拔模和抽壳等，如图 3.1 所示。

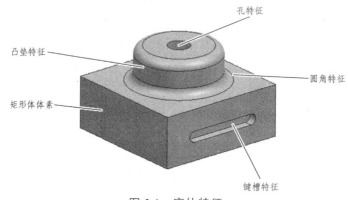

图 3.1　实体特征

（3）高级特征：包括通过曲线建模、曲面建模等生成的特征。

§3.2　拉伸建模法

在【特征】工具栏中单击【拉伸】按钮 ▥，弹出【拉伸】对话框，如图 3.2 所示，可以沿矢量拉伸一个截面创建特征。

图 3.2　【拉伸】对话框

【拉伸】对话框中各选项的含义如下：

（1）截面：选择需要拉伸的曲线，可以选择面、单条曲线、相连曲线、相切曲线、面的边、片体边、特征曲线、自动判断曲线等。

（2）方向：用于设置拉伸截面的方向，可以单击【指定矢量】按钮，弹出【矢量】对话框，设置矢量方向。

（3）限制：用于设置拉伸距离的参数，可以将开始和终点设置为值或对称值，在【距离】文本框中输入拉伸的起点和终点的距离，可以是正值或负值，如果是负值，将向相反的矢量方向拉伸。开始和终点只能同时设置为值或对称值，设置开始和终点为值，开始距离为 0，终点距离为 20，选择圆弧为拉伸对象，如图 3.3 所示。

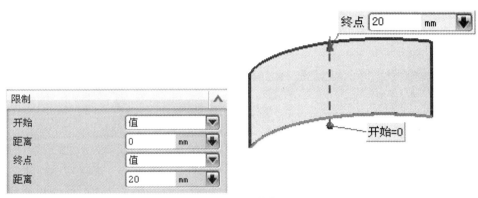

图 3.3　拉伸曲线

设置开始和终点为对称值，开始距离为 20，终点距离为 20，选择圆弧为拉伸对象，拉伸效果如图 3.4 所示。

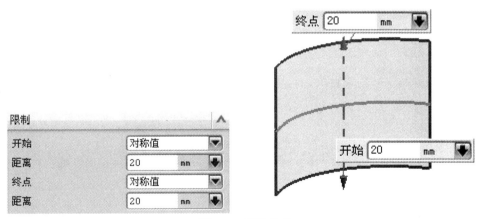

图 3.4　对称拉伸

（4）布尔：用于设置布尔操作。

（5）草图：可以设置拉伸截面的角度，包括 5 种不同的限制方式，选择不同的方式，可以设置不同拉伸截面的角度，如图 3.5 所示。

图 3.5　设置草图

设置草图为【从起始限制】，设置角度为 30°，拉伸效果如图 3.6 所示。

图 3.6　设置角度拉伸

（6）偏置：可以设置偏置为无、两侧和对称，如图 3.7 所示。偏置拉伸时，如果选择的是不封闭的曲线，可以将曲线拉伸成实体。选择两侧时，可以设置开始的距离和终点距离，如图 3.8 所示。如果选择对称偏置，开始和终点的距离将相同。

图 3.7　设置偏置

图 3.8　设置两侧偏置

设置偏置为两侧，开始距离为 - 7，终点距离为 3，拉伸效果如图 3.9 所示。

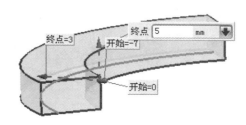

图 3.9　两侧偏置拉伸

需要注意的是，UG 可以在【拉伸】对话框的【设置】选项组中，将体类型设置为"片体"，拉伸的封闭曲线将是片体，如果设置的是"实体"，拉伸的封闭曲线将是实体，如图 3.10所示。

图 3.10　拉伸后的实体和片体

§3.3　回转（旋转）建模法

回转是通过绕轴旋转截面来创建特征。在【特征】工具栏中单击【回转】按钮 ，弹出【回转】对话框，如图 3.11 所示。

图 3.11　【回转】对话框

【回转】对话框中各选项的含义如下：

（1）截面：选择截面曲线。方法与拉伸选择的截面曲线一样。

（2）轴：选择截面的回转轴，可以单击【指定矢量】按钮，在【矢量】对话框中选择回转体的轴。

（3）限制：在【限制】选项组中，可以设置开始和终点为"值"或"直至选定对象"，如果设置"开始"和"终点"为值，需要输入旋转角度，如图 3.12 所示。如果设置"开始"和"终点"为直至选定对象，需要选定面、体或基准平面对象。

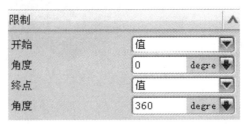

图 3.12 设置限制类型

选择圆弧为截面对象，直线为矢量轴，设置限制开始和终点为值，开始角度为 0°，终点角度为 360°，回转效果如图 3.13 所示。

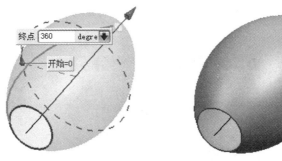

图 3.13 设置回转角度

（4）偏置：在【偏置】选项组中，只能选择两侧偏置或无。选择两侧偏置，设置开始为 0，终点为 5，如图 3.14 所示。设置两侧偏置效果如图 3.15 所示。

图 3.14 设置两侧偏置

图 3.15 偏置回转体

§3.4 扫掠建模法

扫掠命令可以将一个二维轮廓沿着一条路径进行扫描，生成一个三维实体。在 UG 软件中，扫掠命令有多种用法。

§3.4.1　扫掠的基本用法

选择【菜单】→【插入】→【扫掠】→【沿引导线扫掠】，在【特征】工具栏中单击【沿引导线扫掠】按钮　，弹出【沿引导线扫掠】对话框，如图 3.16 所示，可以通过沿引导线扫掠来创建体。选择截面线串，再选择引导线后，需要在对话框中设置偏置距离，偏置距离可以是正值或负值，如图 3.17 所示。

图 3.16　【沿引导线扫掠】对话框

图 3.17　设置偏置距离

选择圆为截面线，圆弧为引导线，设置第一偏置为 0，第二偏置为 − 2，扫掠后的效果如图 3.18 所示。

图 3.18　沿引导线扫掠效果

§3.4.2　变化的扫掠

在【特征】工具栏中单击【变化的扫掠】按钮　，弹出【变化的扫掠】对话框，如图 3.19 所示。可以通过沿路径扫掠横截面来创建体。此时，横截面形状沿路径改变。

图 3.19　【变化的扫掠】对话框

例：完成如图 3.20 所示的摇臂三维模型。

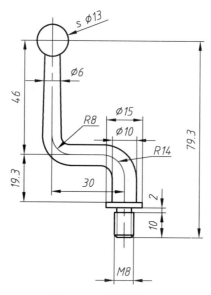

图 3.20 摇臂零件图

（1）新建文件。文件名：摇臂.prt；存储位置：G：\myug\。

（2）创建草图。草图平面：*X-Z* 平面。草图尺寸如图 3.21 所示。

（3）创建"旋转（2）"特征，如图 3.22 所示。要求如表 3.2 所示。

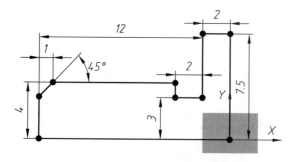

图 3.21 草图"SKETCH_000"

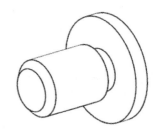

图 3.22 "旋转（2）"特征

表 3.2 旋转要求

截面	步骤 2 所创建草图"SKETCH_000"
指定矢量	+XC 轴
指定点	坐标原点
开始角度	0°
结束角度	360°
布尔	无

（4）创建螺纹特征。使用菜单项【插入】→【设计螺纹】→【螺纹】，系统弹出【螺纹】对话框。

螺纹类型："详细"，起始端选择旋转特征左侧面，如图 3.23 所示设置螺纹参数；螺纹放置面：旋转特征左端 ϕ8 圆柱面。螺纹特征如图 3.24 所示。

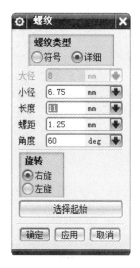

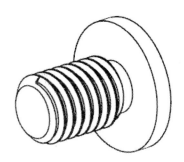

图 3.23　螺纹参数设置　　　　　　　　图 3.24　螺纹特征

（5）创建引导线草图。草图平面：X-Z 平面；草图尺寸如图 3.25 所示。

（6）创建左侧截面。草图平面：Y-Z 平面；水平参考：Y 轴方向；草图尺寸如图 3.26 所示。

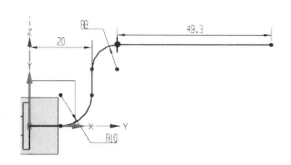

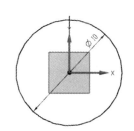

图 3.25　草图 "SKETCH_001"　　　　　图 3.26　草图 "SKETCH_002"

（7）创建右侧截面草图 "SKETCH_003"（见图 3.27 和图 3.28）。要求：

➢ 草图类型："基于路径"；

➢ 路径：步骤（5）所绘草图 "SKETCH_001"；

➢ 草图位置：路径草图右端点；

➢ 水平参考：Y 轴；

➢ 圆的直径尺寸 6.16 通过表达式 10 - 96/25 计算获得。

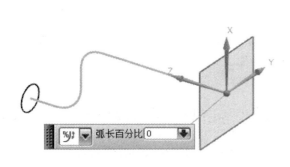

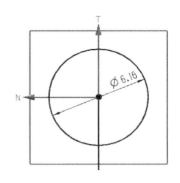

图 3.27　基于路径草图参数设置　　　　　图 3.28　草图 "SKETCH_003"

（8）创建摇把。要求：

➢ 使用【曲面】工具栏【扫掠】工具创建摇把；

➢ 截面 1：步骤（6）所绘草图（见图 3.26）；

➢ 通过 "添加新集" 工具按钮添加下一个截面；

➢ 截面 2：步骤（7）所绘草图（见图 3.28）；

➢ 引导线：步骤（5）所绘草图（见图 3.25）；

➢ 扫掠参数选择和结果如图 3.29 和图 3.30 所示。

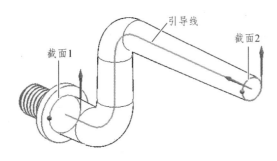

图 3.29　扫掠参数选择　　　　　　　　图 3.30　扫掠结果

注意：图 3.29 中截面 1 和截面 2 的选择位置和方向要一致，否则扫掠结果是错位的。

（9）创建圆球。要求：

➢ 使用【特征】工具栏【圆球】工具按钮激活【圆球】对话框；

➢ 类型：中心点和直径；

➢ 中心点：步骤（7）所绘草图圆中心；

➢ 直径：13；

➢ 布尔：和（与摇把求和）。

（10）使用【合并】工具创建 "求和（10）" 特征。要求：

➢ 目标体：旋转特征；

➢ 工具体：摇把。

保存文件，最终结果如图 3.31 所示。

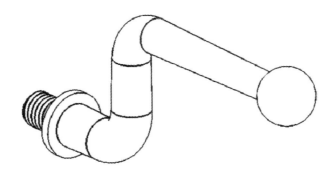

图 3.31　圆球创建

§3.4.3　管　道

在【特征】工具栏中单击【管道】按钮 🖋️，弹出【管道】对话框，如图 3.32 所示。通过沿曲线扫掠圆形截面来创建实体，可以选择外径和内径。

图 3.32　【管道】对话框

管道的创建方法简单，直接选取管道中心线路径的曲线后，在【管道】对话框中设置管道横截面的外径和内径，单击【确定】按钮，即可创建管道，如图 3.33 所示。

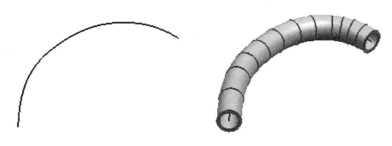

图 3.33　创建的管道

§3.5 阵列特征命令

UG 阵列是经常用到的一个命令，阵列的主要作用是：可以一次性复制多个具有规则参数的相同特征。UG 中有三种类型阵列，包括阵列特征 ⬦、阵列面 ⬢、阵列几何特征 ⬚⬚。它们可以按照某种形式一次创建多个副本。不同点是阵列时所选择的对象不同，第一个是对特征，如圆柱体、垫块等；第二个是对面，如实体上的面；第三个是对实体。它们都可以定义阵列边界、参考点、间距、方位和旋转，可以使用多种阵列布局来创建几何体的阵列，如图 3.34 所示。

图 3.34 多种阵列布局

阵列的类型有线性、圆形、多边形、螺旋式、沿、常规、参考等多种；线性、圆形、常规三种类型是经常使用的，其他三个应用不是很广泛，只是在一些特定的环境下才能使用。图 3.35 为【阵列特征】对话框，图 3.36 为【阵列面】对话框，图 3.37 为【阵列几何特征】对话框。

图 3.35 阵列特征

图 3.36 阵列面

图 3.37 阵列几何特征

1. 线性阵列

线性阵列可以沿两个方向进行阵列，默认只启用方向 1，根据实际情况，可勾选方向 2。间距里有几个选项：数量和节距、数量和跨距、节距和跨距、列表，如图 3.38 所示。表 3.3 为线性阵列间距各选项及其含义。

图 3.38　线性阵列间距选项对话框

表 3.3　线性阵列间距各选项及含义

间距选项	含　　义
数量和节距	个数和每两个对象之间的距离
数量和跨距	个数和第一个对象与最后一个对象之间的距离
节距和跨距	两个对象之间的距离和第一个与最后一个之间的距离
列表	控制每两个对象之间的距离，通过添加集的形式来完成

图 3.39 为数量和间隔定义下的 X 方向和 Y 方向的阵列结果。勾选"对称"效果以选择对象为边界进行两个方向阵列。

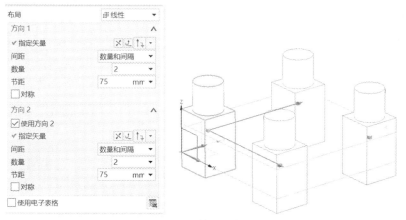

图 3.39　数量和间隔

列表阵列指控制每两个对象之间的距离，通过添加集的形式来完成。图 3.40 所示为列表阵列效果。

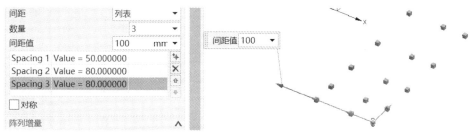

图 3.40　列表阵列效果

2. 圆形阵列

圆形阵列只需指定出旋转的中心轴即可，间距和线性阵列相同，图 3.41 为圆形阵列效果。

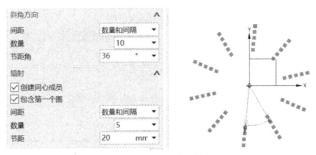

图 3.41　圆形阵列效果

3. 多边形阵列

多边形阵列，同样是选择中心轴即可，参数设置如图 3.42 所示，直接进行修改即可看出相应效果。

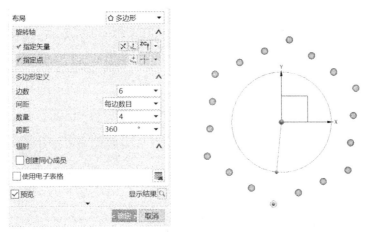

图 3.42　多边形阵列效果

4. 沿

沿某一个线性路径进行均匀分布，图 3.43 为沿路径阵列效果。

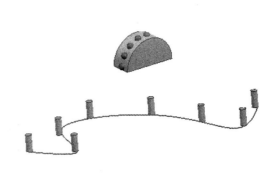

图 3.43　沿阵列效果

5. 阵列增量

阵列增量是一种基于阵列的 CAD 技术，它可以将一个零件或组件复制多次，并在每次复制时增加一定的距离或角度。这种技术可以帮助工程师快速创建大量相似的零件或组件，从而提高工作效率。

以图 3.44 为例，实现圆柱体 X 向和 Y 向间距递增、直径递增、长度递增。

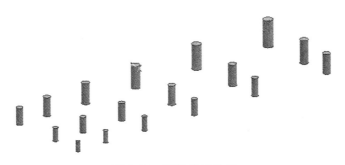

图 3.44　阵列增量效果

步骤如下：

（1）点击【插入】→【关联复制】→【阵列特征】，弹出图 3.45 所示的窗口。布局选择"线性"，依次设置方向 1 和方向 2 阵列成员的数量和间距，方向 2 间距选择"列表"，填入间距值。

图 3.45　【布局】对话框

（2）在默认情况下，阵列增量功能是隐藏的，可以点击【阵列特征】窗口左上角的齿轮按钮，勾选【阵列特征（更多）】就可以显示出来，如图 3.46 所示。

图 3.46　阵列特征（更多）

此时可以看到如图 3.47 所示的"阵列增量"功能。

图 3.47　阵列增量选项

（3）点击图 3.47 所示的阵列增量按钮，弹出【阵列增量】对话框，如图 3.48 所示。

图 3.48　【阵列增量】对话框

方向 1 输入高度递增值 3，直径递增值 1，距离递增值 20；方向 2 输入高度递增值 5，直径递增值 2。要想增加参数设置，只需要点击添加新集即可。

（4）实例点的用法。可以通过实例点来对阵列成员的显示进行设置，比如对某个阵列成员删除、抑制或者旋转和指定变化。如图 3.49 所示，对最右侧圆柱进行实例点删除，只需要按鼠标左键点击需要删除的圆柱，点击右键选择"抑制"或"删除"即可。

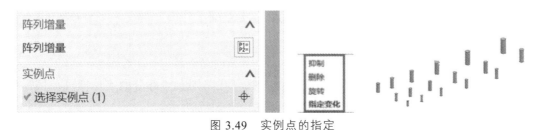

图 3.49　实例点的指定

§3.6　布尔运算

布尔运算等同于数学中的加减乘运算。NX 为三维实体操作，一般情况下，在一个 prt 文件中，只能有一个实体，用户无论做多少操作，最后得到的一般情况都是一个实体，这样就会涉及实体之间的关系。布尔选项如图 3.50 所示，合并是两个或者多个实体求和成一个实体；减去是一个实体减去另一个实体，即常说的从一个实体上去除一块；相交是求两个实体的交集，即共有的实体。

1. 合　并

【合并】对话框如图 3.51 所示，目标位置选择一个实体后，自动跳到工具操作，工具里可以选择多个实体，因此，求和比较简单，就是把要加和的实体直接选择到一起，确定即可完成求和操作，如图 3.52 所示。

图 3.50　布尔选项

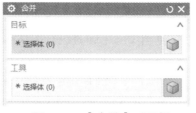

图 3.51　【合并】对话框

图 3.52　合并效果

2. 求　差

两个实体求差的时候，方体和球体互为目标时，求差的结果有差别，谁做目标谁就是保留下来的实体，在实际操作时，根据情况进行选择即可。图 3.53 是【减去】对话框，图 3.54 为目标是球、工具是圆锥体的求差结果，图 3.55 为目标是圆锥体、工具是球的求差结果。

图 3.53　【减去】对话框

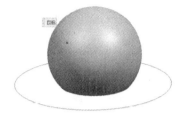

图 3.54　目标是球

图 3.55　目标是圆锥体

3．求　交

求交在选择目标和工具时不用区分，直接选择存在共同实体部分的实体即可，目标只能选择一个实体，工具可以为多个实体，如图 3.56 和图 3.57 所示。

图 3.56　【相交】对话框

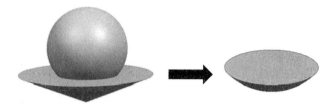

图 3.57　相交效果

§3.7　弹簧和齿轮的建模

为了更好地满足用户对标准件的要求，缩短 NX 的导入周期，UG 软件专门定制了 GC 工具箱。GC 工具箱是标准件工具箱，其中包含很多快捷使用方法，如 GB 标准、模板，齿轮、弹簧设计，便捷的制图工具，加密及加工准备等。

§3.7.1　弹簧建模

1．创建弹簧命令

方法一：选择【菜单】→【GC 工具箱】→【弹簧设计】→【圆柱压缩弹簧】，如图 3.58 所示。

方法二：选择【主页】→【弹簧工具】→【圆柱压缩弹簧】命令。

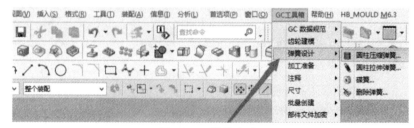

图 3.58　弹簧命令

2. GC 工具箱画弹簧

通过方法一弹出【圆柱压缩弹簧】对话框，如图 3.59 所示。

图 3.59 【圆柱压缩弹簧】对话框

如图 3.60 指定要绘制弹簧的方向，默认情况下是 Z 轴；指定弹簧的基准点，也就是要放置弹簧的位置。

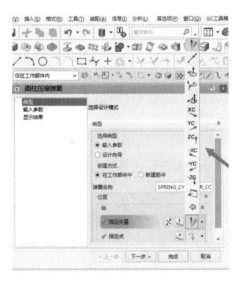

图 3.60 弹簧点和方向设置对话框

3. 设置弹簧参数

切换到参数选项，为弹簧指定规格，如图 3.61 所示；切换到显示结果中，可以查询要设计弹簧的信息，如图 3.62 所示；点击【完成】后，通过使用 GC 工具箱创建的压缩弹簧如图 3.63 所示。

图 3.61 设置弹簧参数

图 3.62 弹簧设置结果

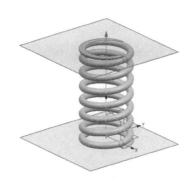

图 3.63 弹簧最终效果

§3.7.2 齿轮建模

1. 创建柱齿轮命令

方法一：选择【菜单】→【GC 工具箱】→【齿轮建模】→【柱齿轮】，如图 3.64（a）所示。

方法二：选择【主页】→【齿轮建模】→【柱齿轮】命令，如图 3.64（b）所示。

（a）   （b）

图 3.64 柱齿轮命令

2. GC 工具箱画齿轮

打开【渐开线圆柱齿轮建模】对话框，选择【创建齿轮】，单击【确定】，在【渐开线圆柱齿轮类型】里选择"直齿轮""外啮合齿轮""滚齿"，单击【确定】，如图 3.65 所示。

图 3.65　【渐开线圆柱齿轮建模】对话框

在【渐开线圆柱齿轮参数】对话框内，自定义名称，修改模数为 2，牙数为 20，齿宽为 34，压力角（度数）为 20，其他选项默认，单击【确定】，如图 3.66 所示。

图 3.66　【渐开线圆柱齿轮参数】对话框

进入【矢量】对话框，在"选择对象"下单击"基准坐标系"的"Z 轴"，单击【确定】，进入【点】对话框。在此，默认使用"基准坐标系"的原点作为齿轮的放置点，不用修改直接单击【确定】，如图 3.67 所示。观察软件的设计区域，齿轮创建完成，如图 3.68 所示。

图 3.67　矢量和点设置命令

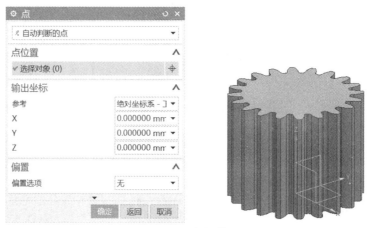

图 3.68　齿轮效果

§3.8　综合练习实例

§3.8.1　齿轮轴的建模案例

用 UG 软件绘制如图 3.69 所示的齿轮轴。

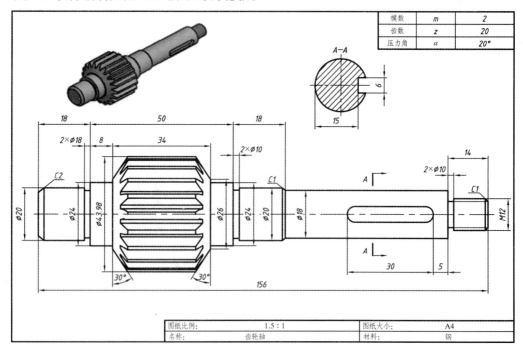

模数	m	2
齿数	z	20
压力角	α	20°

图纸比例：	1.5：1	图纸大小：	A4
名　称：	齿轮轴	材　料：	钢

图 3.69　齿轮轴

1. 齿轮轴建模流程

齿轮轴建模流程如图 3.70 所示。

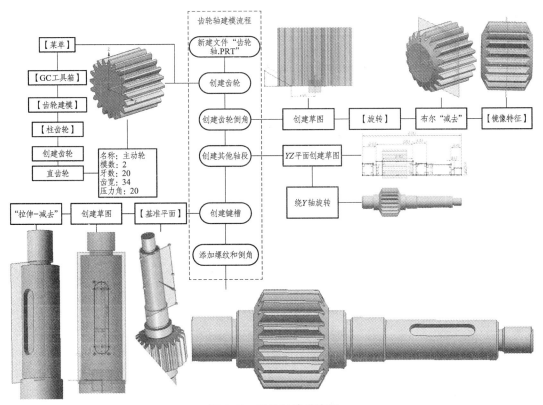

图 3.70　齿轮轴建模流程

2. 齿轮轴建模步骤

1）创建柱齿轮

选择【菜单】→【GC 工具箱】→【齿轮建模】→【柱齿轮】，选择"创建齿轮"，在"渐开线圆柱齿轮类型"里选择"直齿轮""外啮合齿轮""滚齿"，在【渐开线圆柱齿轮参数】对话框内，自定义名称为主动轮，修改模数为 2，牙数为 20，齿宽为 34，压力角（度数）为 20，其他选项默认，单击【确定】，如图 3.71（a）所示。

进入【矢量】对话框，选择"基准坐标系"的"Y 轴"，默认使用"基准坐标系"的原点作为齿轮的放置点，单击【确定】，如图 3.71（b）所示，齿轮创建完成。

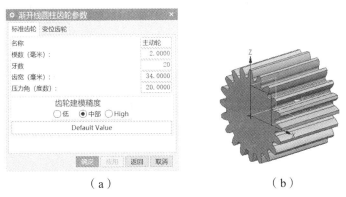

（a）　　　　　　　　　　　　　　（b）

图 3.71　【渐开线圆柱齿轮参数】对话框及效果

2）创建齿轮的倒角

（1）创建草图。

选择基准坐标系的 *YZ* 平面创建草图，使用"直线"命令绘制任意两段直线，第一条直线从原点引出，向上引，超出齿轮（避免捕捉到齿轮的特定点），第二条直线倾斜一定的角度，并添加角度参数。使用【编辑草图参数】命令，修改首条直线长度为"26/2"，角度为"30"，再补充两条直线，使草图形成闭合曲线环，如图 3.72 所示。

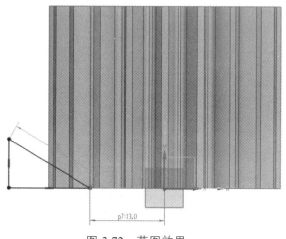

图 3.72　草图效果

（2）旋转除料，创建单侧倒角。

使用【旋转】命令，弹出如图 3.73 所示的对话框，"区域边界曲线"为刚刚绘制的草图闭合区域，"轴"选择 *Y* 轴，布尔运算选择"减去"。完成旋转除料，创建单侧倒角。

图 3.73　【旋转】对话框

（3）创建中间平面，镜像"旋转"特征。

在【主页】→【特征】中，选择【基准平面】命令，打开【基准平面】对话框，在"类型"中选择"二等分"，分别拾取齿轮两侧端面，随即产生中间平面，如图 3.74 所示。

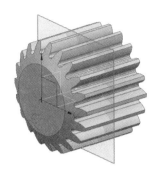

图 3.74　基准平面

注意：在实际操作时，创建"类型"也可以不进行修改，直接单击拾取齿轮两个侧面，也可以创建出中间平面。

选择【菜单】→【插入】→【关联复制】→【镜像特征】，或在【主页】→【特征】→【更多】里，选择【镜像特征】命令，打开【镜像特征】对话框，拾取旋转的特征作为"要镜像的特征"，拾取刚才创建的平面作为"镜像平面"，确定后完成镜像，如图 3.75 所示。

图 3.75　【镜像特征】对话框及效果

3）创建其他轴段

其他轴段都是由圆柱组成的，均可以使用旋转的方法得到。在 *YZ* 平面创建草图，绘制如图 3.76 所示的草图，完成草图后，绕 *Y* 轴旋转一周，即可得到完整的各个轴段。

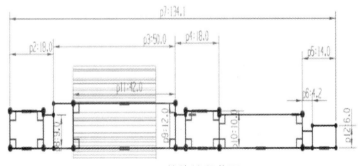

图 3.76　其他轴段草图

4）创建键槽特征

（1）创建键槽所在的平面。

使用【基准平面】命令，选择"类型"为"相切"，单击ϕ18 长轴段的外圆柱表面作为"参考几何体"，完成新平面的创建，如图 3.77 所示。

图 3.77　基准平面

（2）创建键槽特征。

以创建的平面为基准新建草图，绘制长 30 mm、宽 6 mm 的矩形，确定各项定位尺寸，使用【拉伸】→【减去】命令，向轴内拉伸 3 mm。使用【倒圆角】命令，在拉伸出的凹槽两侧分别倒 3 mm 的圆角，确定后完成键槽的建模，如图 3.78 所示。

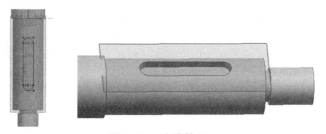

图 3.78　键槽效果

5）添加外螺纹和倒角特征

使用【螺纹】命令，为右侧轴段添加螺纹符号，在此选择"符合"选项。使用【倒斜角】命令，分别倒各处斜角。

隐藏坐标系、小平面和草图等元素，保存文件，如图 3.79 所示。

图 3.79　齿轮轴效果

§3.8.2　洗发水瓶盖

图 3.80 所示为挤压式瓶盖零件图，综合所学的建模方法完成瓶盖的三维模型。

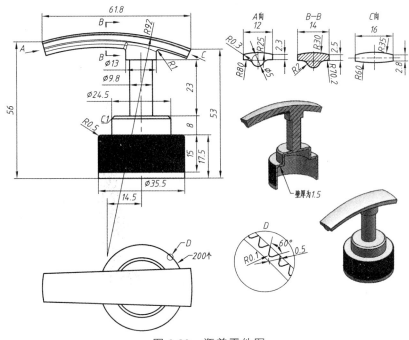

图 3.80　瓶盖零件图

1. 洗发水瓶盖建模流程

任务要求：练习变截面扫掠建模。建模流程如图 3.81 所示。

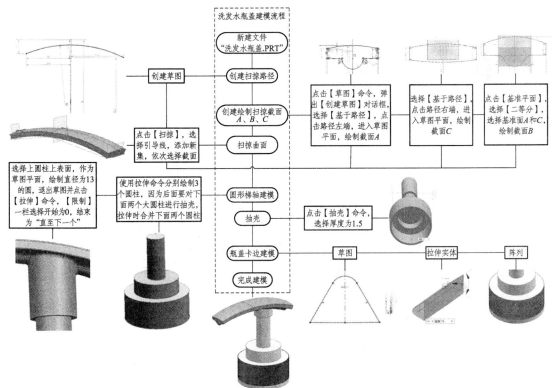

图 3.81　洗发水瓶盖建模流程

2. 建模步骤

将瓶盖分成两个部分绘制：① 瓶盖的曲面部分；② 瓶盖的圆形梯轴部分。

1）瓶盖的曲面部分建模步骤

曲面部分（见图 3.82）可以由三个不同的截面和一根引导线通过扫掠画出，可以先画出扫掠的路径（见图 3.83），然后做新的基准面，再画出扫掠的三个截面。

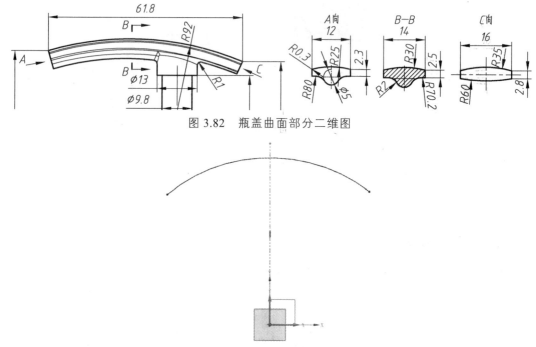

图 3.82　瓶盖曲面部分二维图

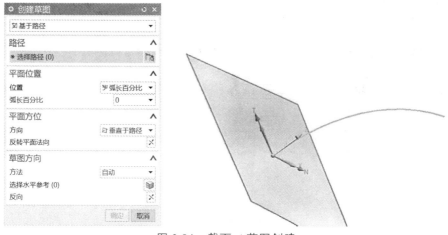

图 3.83　瓶盖曲面部分扫掠的路径草图

（1）草图平面 *A* 的绘制。

点击【草图】命令，弹出【创建草图】对话框，选择"基于路径"，点击路径左端，如图 3.84 所示。

图 3.84　截面 *A* 草图创建

点击【确定】进入草图平面，绘制截面 A 的草图，如图 3.85 所示。

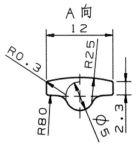

图 3.85　截面 A 草图

（2）草图平面 C 的绘制。

点击【草图】命令，弹出【创建草图】对话框，选择"基于路径"，点击路径右端，如图 3.86 所示。

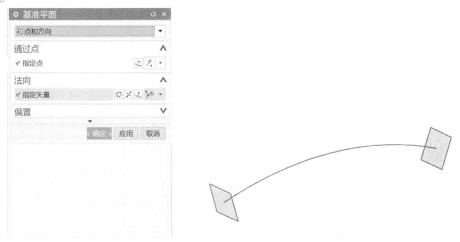

图 3.86　截面 C 草图创建

点击【确定】进入草图平面，绘制截面 C 的草图，如图 3.87 所示。

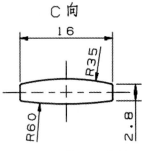

图 3.87　截面 C 草图

（3）草图平面 B 的绘制。

由题图可知，截面 B 位于 A、C 截面的中间位置，所以需要先建立基准平面，点击"基准平面"，选择"二等分"，选择基准面 A、C，点击【确定】，如图 3.88 所示。

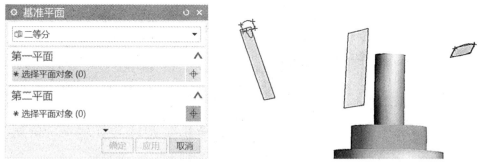

图 3.88　截面 B 基准平面的建立

绘制截面 B 的草图，如图 3.89 所示。

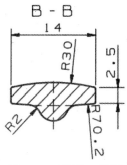

图 3.89　截面 B 草图

（4）扫掠曲面。

点击【扫掠】命令，选择【扫掠】对话框下方的"实体"得到图 3.90 所示的扫掠体。需要注意的是，添加截面时，需要点击"添加新集"，再选择对应的截面串；另外，每个截面串的基准点和方向要一致，否则扫掠体会发生错位。

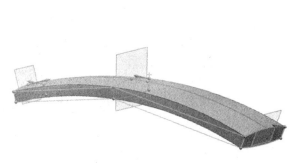

图 3.90　扫掠体

2）瓶盖的圆形梯轴部分建模步骤

瓶盖圆形梯轴部分二维图如图 3.91 所示。

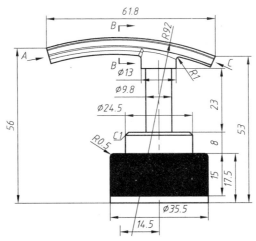

图 3.91　瓶盖圆形梯轴部分二维图

使用【拉伸】命令分别绘制 3 个圆柱，如图 3.92 所示。因为后面要对下面两个大圆柱进行抽壳，所以拉伸时合并下面两个圆柱，上面的圆柱布尔项不进行选择。

选择图 3.92 建好的模型的上表面作为草图平面，绘制直径为 13 的圆，退出草图并点击【拉伸】命令，如图 3.93 所示，"限制"一栏选择开始为 0，结束为"直至下一个"，点击【确定】。然后点击【抽壳】命令，选择厚度为 1.5，如图 3.94 所示。

图 3.92　瓶盖圆形梯轴

图 3.93　拉伸选择

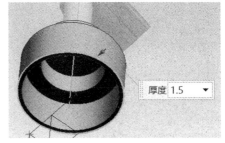

图 3.94　抽壳命令

3）瓶盖卡边建模

以瓶盖底端为草图建模平面绘制草图，如图 3.95 所示，退出草图并拉伸 15，再使用阵列命令完成卡边。

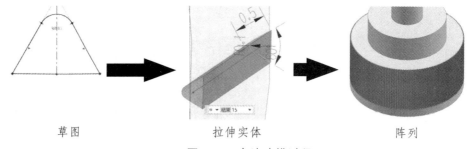

| 草图 | 拉伸实体 | 阵列 |

图 3.95　卡边建模过程

图 3.96 为洗发水瓶盖建模效果图。

图 3.96　建模效果图

§3.9　零件实体建模习题

（1）完成图 3.97 所示零件的实体建模。

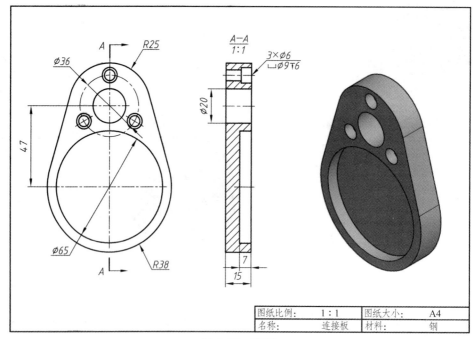

| 图纸比例： | 1：1 | 图纸大小： | A4 |
| 名称： | 连接板 | 材料： | 钢 |

图 3.97　题图

（2）用所学建模方式完成图 3.98 所示零件的实体建模。

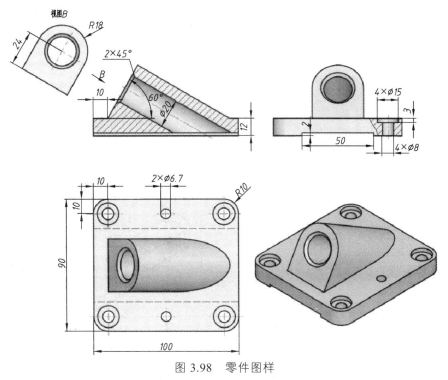

图 3.98　零件图样

（3）用所学建模方式完成图 3.99 所示零件的实体建模。

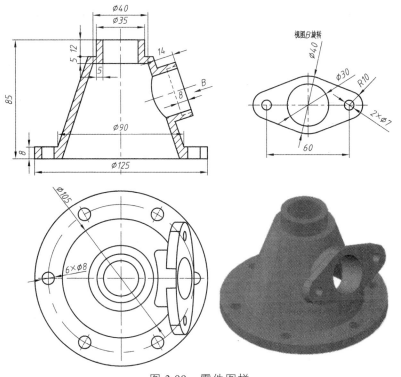

图 3.99　零件图样

（4）用拉伸和扫掠建模方式完成图 3.100 所示零件的实体建模。

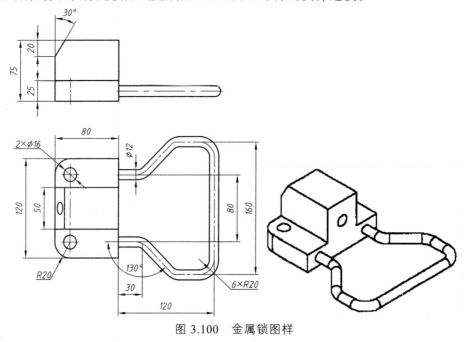

图 3.100　金属锁图样

（5）用所学建模方式完成图 3.101 所示泵体的实体建模。

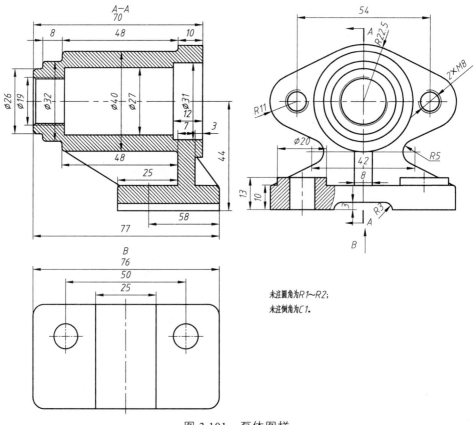

未注圆角为 R1~R2;
未注倒角为 C1.

图 3.101　泵体图样

第 4 章　细节特征命令

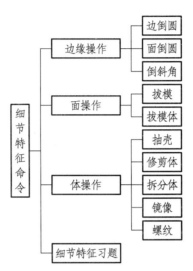

在机械设计中，细节特征是创建复杂精确模型的关键工具。在创建三维实体模型后，利用细节特征工具可以创建出更为精细、逼真的实体模型，作为后续分析、仿真和加工等操作的对象。

细节特征分为三大类：边缘操作、面操作及体操作。边缘操作包括边倒圆、面倒圆、样式倒圆、样式拐角、倒斜角；面操作包括拔模和拔模体等；体操作包括抽壳、修剪体、拆分体、镜像、螺纹、抽壳。常用细节特征有边倒圆、倒斜角和拔模三种。

§4.1　边缘操作

边缘操作用于提供附加的定义到一模型边缘，如表 4.1 所示。

表 4.1　边缘操作命令一览表

序号	命令	图标	功能含义
1	边倒圆		对面之间的锐边进行倒圆，半径可以是常数或变量
2	面倒圆		在选定面组之间添加相切圆角面，圆角形状可以是圆形、二次曲线或规律控制的
3	样式倒圆		倒圆曲面并将相切和曲率约束应用到圆角的相切曲线
4	样式拐角		在即将产生的三个弯曲面的相交处创建一个精确的、美观的拐角
5	倒斜角		对面（含实体面）之间的锐边进行倒斜角

§4.1.1　边倒圆

1. 边倒圆命令概述

使用边倒圆命令可在两个面之间倒圆锐边。可以执行以下操作：

（1）将单个边倒圆特征添加到多条边。

（2）添加拐角回切点，以更改边倒圆拐角的形状。

（3）调整拐角回切点到拐角顶点的距离。可以使用拐角回切来创建（如球头铣刀）倒圆，并在无样式曲面的钣金冲压中起辅助作用。

（4）创建形状为圆形或圆锥的倒圆。

（5）添加突然停止点以终止缺乏特定点的边倒圆。

（6）创建具有恒定或可变半径的边倒圆，如图 4.1 所示。

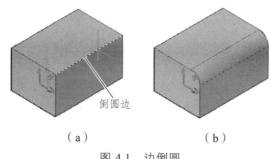

倒圆边

（a）　　　　　　　　（b）

图 4.1　边倒圆

> 提示：建议执行以下操作。
>
> ● 绘制立体图时，最后添加圆角，除非需要通过倒圆生成面或边才能完成设计。
>
> ● 在编辑一系列圆角时，按照其时间戳记顺序进行编辑，因为圆角会频繁修改之前的圆角所创建的边。

2. 示　例

示例一：等半径倒圆，如图 4.2 所示。

（1）选择【主页】选项卡→【基本组】→【边倒圆】。

（2）在连续性组中，从第一截面列表中选择 G1（相切），选择边处于活动状态。

（3）在图形窗口中，为第一个边集选择边。本例已选择两条边线串，如图 4.3 所示。

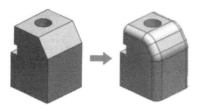

图 4.2　边倒圆示例一

图 4.3　两条边线串

> 提示：建议同时对多个边集进行倒圆，而不是每次对一个边集中的边倒圆。

（4）从形状列表中选择圆形。

（5）在半径 1 框中键入一个值来指定第一个边集的半径。本例第一个边集的半径设置为 15。

（6）单击添加新集 ⊕ 以完成第一个边集的选择。选择边 ▣ 处于活动状态。

（7）在图形窗口中，为第二个边集选择更多的边。

（8）在半径 2 框中键入一个值来指定第二个边集的半径。本例设置为 20。

（9）单击【确定】以创建边倒圆特征。

示例二：变半径倒圆。

用扫掠与变半径倒圆建模方式完成图 4.4 所示零件的建模。

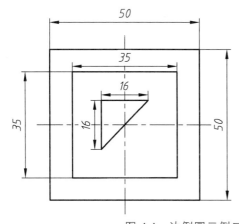

图 4.4　边倒圆示例二

在该示例中，引导线是一条直线，截面是两个矩形和一个三角形，首先要对其进行绘制，然后再用扫掠工具进行建模。另外，还要引入可变半径圆角命令对实体边进行圆角。

注意：各个截面的段数要一致，否则最后实体会出现扭曲现象。

（1）先绘制好扫掠引线和三个草图截面，如图 4.5 所示。

（2）对三角形的截面长边进行特殊处理并扫掠。扫掠时，在【保留形状】选项前的方框里打钩（见图 4.6），否则边倒圆时选不中棱边。完成基本形体的建模，如图 4.7 所示。

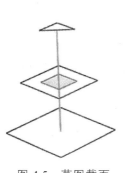

图 4.5　草图截面　　　　图 4.6　【扫掠】选项　　　　图 4.7　扫掠建模

（3）点击【边倒圆】命令，选择 G1，如图 4.8 所示设置不同的半径。

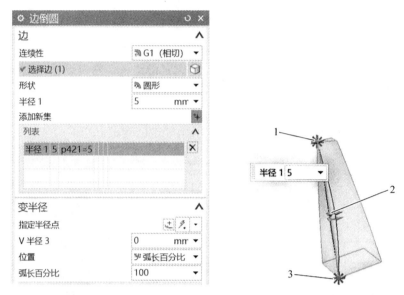

图 4.8　变半径边倒圆

§4.1.2　面倒圆

使用面倒圆命令可在两组或三组面之间添加相切和曲率连续的圆角面。圆角的横截面可以是圆形，也可以是二次曲线（对称或非对称）。控制圆角大小的参数可以是恒定的，也可以是可变的。

在 UG 中，与边倒圆相比，面倒圆有以下特点：

（1）应用范围不同：边倒圆用在实体上；面倒圆用在片体上，也可用在实体上。软倒圆就是面倒圆，属于几个片体之间的倒圆角。

（2）形态不同：边倒圆是一个正方体，以一条边为中心，呈对称进行倒圆。面倒圆是两个台阶，通过面倒圆直接将上层台阶的顶面与下层台阶的右面进行倒圆。

面倒圆可以在两组分离的实体/片体之间建立圆角，并且所选曲面可以不相邻和（或）一个不同实体的一部分。软倒圆同边倒圆，只不过不是对称倒圆。

（3）操作方式不同：面倒圆墙面可以自动修剪，并可以与圆角连成一体。不过面倒圆只能在一组曲面上定义相切线串。而软倒圆在相邻的两组曲面上均要求使用相切线串（相切线串可以是曲线或边，但两者不能混用）。软倒圆与其相邻曲面可以采用两种光滑过渡方法。

（4）数值不同：面倒圆圆角半径可以是常数，按规律变化，或相切控制。软倒圆十分自由，由相切曲线决定。

面倒圆操作命令如表 4.2 所示。

表 4.2　面倒圆操作命令一览表

面倒圆基于朝向滚球或扫掠圆盘的横截面	
滚球	横截面平面由两个接触点和球心定义。其方向可随着球在两个面之间滚动而改变
扫掠圆盘	横截面的平面定义为垂直于脊线。其方向可随着其沿脊线扫掠而改变
宽度方法：可以通过选择宽度方法来控制如何定义面倒圆的宽度	
自动	圆角轨道（纵向边）未受约束。它们根据滚球或扫掠圆盘的接触点的定义而变化
恒定	圆角轨道之间的距离恒定
接触曲线	圆角轨道被约束到作为保持线的指定曲线
可使用五个形状选项之一指定横截面的形状	
圆形　　　　对称相切　　　　非对称相切　　　　对称曲率　　　　非对称曲率	
还可以使用面倒圆执行的操作	① 在位于同一体中但不相邻的面之间或不同体中的面之间创建倒圆。 ② 将倒圆作为未缝合到现有体上的单独的片体进行创建。 ③ 将倒圆的端部修剪至选定的面或位置

§4.1.3　倒斜角

倒斜角命令可将一个或多个实体的边斜接。根据实体的形状，倒斜角通过添加或减去材料来将边斜接，如图 4.9 所示。

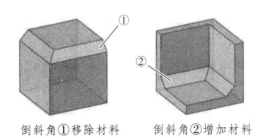

倒斜角①移除材料　　　　倒斜角②增加材料

图 4.9　倒斜角

倒斜角命令步骤如下：

（1）单击【插入】→【细节特征】→【倒斜角】。

（2）打开【倒斜角】命令对话框，如图 4.10 所示。倒斜角分为 3 种方法：对称、非对称、偏置和角度，这 3 种方法根据图纸上的尺寸标注来选用。

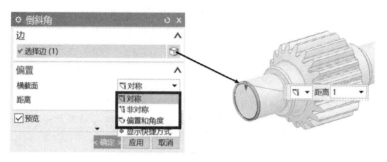

图 4.10 倒斜角的 3 种方法

① 倒斜角第一种方法：对称。如图 4.11 所示，倒角边到倒角后的两边距离角度是一样的。

图 4.11 对称倒斜角

② 倒斜角第二种方法：非对称。如图 4.12 所示，倒角边到倒角后的两边距离和角度不是对称的。

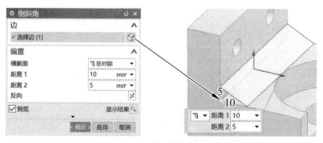

图 4.12 非对称倒斜角

③ 倒斜角第三种方法：偏置和角度。如图 4.13 所示，这个倒角是由角度和一个边的距离来设定的。

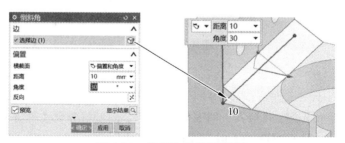

图 4.13 偏置和角度倒斜角

（3）（可选）单击偏置组中的反向 $\boxed{\times}$，将偏置顺序从所选边的一侧翻到另一侧。

注释：当横截面为对称时，反向 $\boxed{\times}$ 不可用。

（4）（可选）如果形体形状复杂，边缘角度有许多变化，可设置或更改设置组中的偏置方法（有关详细信息，请参见倒斜角选项）。

注释：当横截面为偏置和角度时，偏置方法不可用。

（5）单击【确定】或【应用】以创建倒斜角。

倒斜角命令如表 4.3 所示。

表 4.3　倒斜角命令一览表

边缘	
选择边	用于选择要倒斜角的一条或多条边。 选择意图在选择边的过程中是可用的。 注释：软件在以下情况可能近似创建一个简单倒斜角。 ① 选定的边不是直线或圆。 ② 相邻面互不垂直
偏置	
横截面	允许为横截面偏置定义方法。 1. 对称 （1）沿所选边的两侧使用相同偏置值创建简单倒斜角。 （2）当偏置方法为偏置面并修剪时，此选项对所有情况完全精确。 （3）当偏置方法为沿面偏置边且任意单个倒斜角边具有变化的面角度、非 90°角或面。 （4）非平面时，此选项是不精确的。 2. 非对称 （1）创建边偏置不相等的倒斜角。指定两个正值，分别用于每个偏置。 （2）当偏置方法为偏置面并修剪时，此选项对所有情况完全精确。 （3）当偏置方法为沿面偏置边且任意单个倒斜角边具有变化的面角度、非 90°角或面。 （4）非平面时，此选项是不精确的。

偏置	
横截面	3. 偏置和角度 （1）当偏置方法为偏置面并修剪时不可用。 （2）使用偏置和角度来创建倒斜角。为偏置指定一个正值，并为角度指定一个正值。 （3）此选项仅对最简单的几何体情况（平面的边、圆锥面之间的边以及圆锥面和圆柱面之间的边）是精确的。该角度以被倒斜角的第一条边的起点为基准，无论别处的角度如何，该角度均应用于第一条边的剩余部分以及被倒斜角的所有其他边
距离	当横截面为偏置和角度、对称时显示。 用于为偏置键入距离值，也可以拖动距离手柄来指定该值
距离1	当横截面为非对称时显示。 用于为第一条边的偏置键入距离值，也可以拖动第一个偏置手柄来指定该值
距离2	当横截面为非对称时显示。 用于为第二条边的偏置键入距离值，也可以拖动第二个偏置手柄来指定该值
角度	当横截面为偏置和角度时显示。 用于为角度键入角度值，也可以拖动角度手柄来指定该角度
反向 ⊠	将偏置或偏置和角度从倒斜角边的一侧移动到另一侧，倒斜角被反向，但它的偏置保持不变。 当横截面为对称时，此选项不可用
设置	
偏置方法	当横截面选项为偏置和角度时不可用。 允许指定偏置倒斜角的方法。 沿面偏置边。 仅为简单形状生成精确的倒斜角。 从倒斜角的边开始，沿着面测量偏置值，从而定义新倒斜角面的边
偏置面和修剪	可为不适合使用沿面偏置边方法的较复杂形状生成精确的倒斜角，具体情况取决于几何体。 偏置量并非从边测量，而是从模型面偏置的相交处测量。 经过（理论）偏置面相交处的原始面的法线定义新倒斜角面的边缘。倒斜角曲面是横跨这两条新边的曲面
对所有实例进行倒斜角	为实例集中的所有实例添加倒斜角。通常，应该把倒斜角添加到实例集的主特征上，而不是添加到实例特征之一。这样一来，如果以后阵列参数有变化，则此倒斜角将在实例集中总是保持可见。 警告：由于对如何定义实例边缘有限制，因此建议不使用此选项。相反，首先创建父特征和倒斜角，并将它们都添加到某个组特征。然后，可以为该组特征创建所需数量的实例。有关详细信息，请参见特征分组和实例

预览		
预览		当指定创建特征所需的最少参数时，会产生预览
显示结果	🔍	显示结果计算特征并显示结果。单击确定或应用以创建特征时，软件将重新使用显示结果计算，从而加速创建过程
撤销结果	↩	单击撤销结果以退出结果显示并返回到对话框，或者单击确定或应用以创建特征

§4.2　面操作

面操作包括拔模和拔模体等。拔模通常用于对模型、部件、模具或冲模的竖直面添加斜度，以便借助拔模面将部件或模型与其模具或冲模分开。铸造时为了从砂中取出木模而不破坏砂型，往往零件毛坯设计带有上大下小的锥度，称之为拔模斜度。

§4.2.1　拔　　模

1. 拔模命令概述

使用拔模命令可通过更改相对于脱模方向的角度来修改面。可执行以下操作：① 指定多个拔模角并对一组面指派角度。② 将单个拔模特征添加到多个体。

如图 4.14 所示，拔模命令通常用于对面应用斜率，以在塑模部件或模铸部件中使用，从而使得在模具或凹模分开时，这些面可以相互移开，而不是相互靠近滑动。通常，脱模方向是模具或冲模为了与部件分离而必须移动的方向。但是，如果为模具或冲模建模，则脱模方向是部件为了与模具或冲模分开而必须移动的方向。

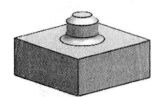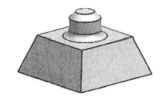

图 4.14　拔模前后对比图

2. 示　　例

1）"从面"

以图 4.14 为例，本示例将展示如何从平面创建拔模。

（1）选择【菜单】→【插入】→【细节特征】→【拔模】。

（2）从拔模类型列表中选择面，如图 4.15 所示。

图 4.15　拔模类型列表

（3）单击鼠标中键以接受默认脱模方向（+ZC），如图 4.16 所示。

（4）在图形窗口中，选择底面作为固定面，如图 4.17 所示。

（5）选择要拔模的面，如图 4.18 所示。

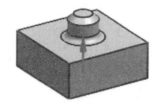

图 4.16　脱模方向（+ZC）　　　图 4.17　选择固定面　　　图 4.18　要拔模的面

（6）在角度框中键入一个值。对于本例，输入 10，如图 4.15 所示。

（7）单击【确定】。

2）"从边"

该类型是从选取的实体边开始，与拔模方向成拔模角度，对指定的实体进行拔模。该类型对所选取的实体边不共面时非常适用。进行该类型操作时，有两个必选的操作步骤"矢量选项与参考边"，以及一个可选步骤"可变角定义点"。

3）与多个面相切

该类型是与拔模方向成拔模角度，对实体进行拔模，并使拔模面相切于指定的实体表面。该类型适用于对相切表面拔模后要求仍然相切的情况。进行该类型操作时，有以下两个操作选择步骤被激活。

（1）矢量选项：指定实体的拔模方向，其使用方法与前面介绍的相同。

（2）相切拔模面：选取一个或多个相切表面作为拔模平面。

4）至分型边

该操作类型是从参考点所在平面开始，与拔模方向成拔模角度，沿指定的分割边对实体进行拔模。该类型可使拔模实体在分割边具有分割边的形状。它适用于实体中部具有特殊形状的拔模情况。进行该操作时，有以下三个操作选择步骤被激活。

（1）矢量选项：指定实体的拔模方向，系统默认的拔模方向为 ZC 轴的正向。

（2）固定平面或拔模平面：指定实体拔模平面的参考点，系统通过参考点定义一个垂直于拔模方向的拔模平面，在拔模过程中实体在拔模平面上的截面曲线不发生变化。

（3）分割边/线上：用于选取一条或多条实体分割线作为进行拔模的参考边。

在进行相关步骤和拔模角度设置后，系统即可完成相关的拔模操作。

§4.2.2 拔模体

使用拔模体命令可将拔模添加到分型面的两侧并使之匹配，同时使用材料填充底切区域。开发铸件与塑模部件的模型时，可以使用此命令。

如图 4.19 所示，基准平面两侧的双面拔模用作分型对象。双面拔模使部件可以很容易地从模具中拔出。

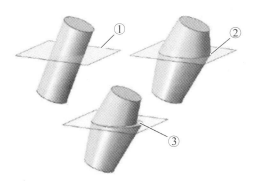

图 4.19 双面拔模

① 分型对象；

② 在分型对象的两侧匹配的双面拔模；

③ 在分型对象处不匹配的双面拔模。

可以使分型对象的两侧创建的双面拔模相匹配，也可以省略匹配以实现质量最小化。

§4.3 体操作

体操作包括抽壳、修剪体、拆分体、镜像、螺纹等。

§4.3.1 抽　壳

抽壳是指按指定厚度将一个实体变成一个薄壁壳体类零件。

在【特征操作】工具栏中单击【抽壳】按钮 ，弹出【抽壳】对话框，如图 4.20 所示。可以通过使用抽壳命令创建具有一定壁厚的中空实体。

图 4.20　【抽壳】对话框

在【抽壳】对话框有两种抽壳方法，其含义如下。

（1）移除面，然后抽壳：先选择要抽壳的面，被选择的面将被删除，如图 4.21 所示。然后设置厚度对实体进行抽壳，如图 4.22 所示。

图 4.21　选择要抽壳的面

图 4.22　设置厚度进行抽壳

（2）抽壳所有面：在类型下拉列表中选择"抽壳所有面"选项，抽壳的实体将成"空心"实体，选择要抽壳的体，然后设置厚度（见图 4.23），抽壳后的效果如图 4.24 所示。

图 4.23　选择抽壳体

图 4.24　设置厚度并抽壳

需要注意的是，如果设置的厚度是负值，那么实体将向相反方向抽壳。

§4.3.2　修剪体

在【特征操作】工具栏中单击【修剪体】按钮 ▨ ，弹出【修剪体】对话框，如图 4.25 所示。修剪体是指使用面或基准平面将修剪掉实体的一部分。

图 4.25　【修剪体】对话框

修剪体需要先选择要修剪的体，然后设置工具选项，可以选择现有平面或基准平面，也可以定义新平面来修剪体。修剪体的具体操作步骤如下：

（1）在【特征操作】工具栏中单击【修剪体】按钮 ▨ ，选择实体为要修剪的体，如图 4.26 所示。

（2）按下鼠标中键，选择实体中间的平面为工具面，如图 4.27 所示。

图 4.26　选择要修剪的体　　　　　图 4.27　选择修剪所用的工具面

（3）在【修剪体】对话框中单击【反向】按钮 ▨ ，视图中箭头指向的方向为要修剪的体的部分，如图 4.28 所示。

（4）在【修剪体】对话框中单击【确定】按钮，将修剪掉片体外部的实体，然后将片体隐藏，结果如图 4.29 所示。

图 4.28　设置方向　　　　　　　图 4.29　修剪后的效果

§4.3.3　拆分体

使用拆分体命令可将实体或片体拆分为使用一个面、一组面或基准平面的多个体。还可以使用此命令创建一个草图，并通过拉伸或旋转草图来创建拆分工具。此命令创建关联的拆分体特征，显示在模型的历史记录中。图 4.30 为被拆分的箱体。

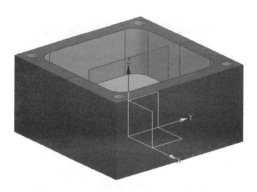

图 4.30　被拆分的箱体

此命令适用于将多个部件作为单个部件建模，然后视需要进行拆分的建模方法。例如，可将由底座和盖组成的外壳作为一个部件来建模，随后将其拆分。

§4.3.4　镜　像

在【特征操作】工具栏中单击【镜像特征】按钮，弹出【镜像特征】对话框，如图 4.31 所示。镜像特征可以复制特征并根据平面进行镜像。

图 4.31　【镜像特征】对话框

镜像特征的操作方法是先选择要镜像的特征，然后选择镜像平面。镜像平面可以是现有的平面，也可以使用【平面构造器】来创建新平面。选择实体特征为镜像对象，选择实体上表面为镜像平面，然后在【镜像特征】对话框中单击【确定】按钮，即可镜像特征，如图 4.32 所示。

图 4.32　镜像实体特征

§4.3.5　螺　纹

在工业产品设计中，螺栓、螺柱和螺纹孔等特征结构都具有螺纹特征。因此在设计时需要在某些表面上创建螺纹特征。系统提供的螺纹特征可以在圆柱体、孔、圆台或回转体的表面上产生螺纹。

在【特征操作】工具栏中单击【螺纹】按钮，或者选择菜单命令【插入】→【操作特征】→【螺纹】，系统会弹出如图 4.33 所示的【螺纹切削】对话框。

图 4.33　【螺纹切削】对话框

在进行螺纹创建时，可根据创建螺纹的需要选择螺纹类型，再在绘图工作区中选择创建螺纹的实体表面和设置螺纹参数，则可以完成螺纹特征的创建。

1. 螺纹类型

UG 系统中提供了以下两种螺纹类型，如图 4.34 所示。

（1）符号：用于创建符号螺纹。符号螺纹用虚线表示，并不显示螺纹实体。在工程图中可用于表示螺纹和标注螺纹。由于这种螺纹只产生符号而不产生螺纹实体，因此生成螺纹的速度快，一般创建螺纹时都选择该类型。

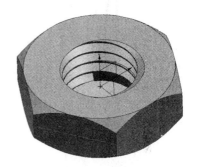

（a）符号螺纹 （b）详细螺纹

图 4.34 符号螺纹和详细螺纹

（2）详细：用于创建真实螺纹。这种类型螺纹看起来更加真实，但由于螺纹几何形状的复杂性，计算工作量大，创建和更新的速度较慢。选择该单选项，系统弹出如图 4.35 所示的【螺纹切削】对话框，通过该对话框可设置详细螺纹的有关参数。

图 4.35 详细螺纹参数对话框

2. 螺纹参数

（1）大径：用于设置螺纹大径，默认值是根据所选圆柱面直径和内外螺纹的形式查螺纹参数表得到的。

（2）小径：用于设置螺纹小径，默认值是根据所选圆柱面直径和内外螺纹的形式查螺纹参数表得到的。

（3）螺距：用于设置螺距，默认值是根据所选圆柱面查螺纹参数表得到的。

（4）角度：用于设置螺纹牙型角，默认的螺纹牙型角的标准值是 60°。

（5）标注：用于标注螺纹，默认值是根据所选圆柱面查螺纹参数表得到的。

（6）轴尺寸：用于设置螺纹轴的尺寸或内螺纹的钻孔尺寸，查螺纹参数表得到。

（7）方法：用于指定螺纹加工方法，其下拉列表中包含"切削""滚螺纹""磨螺纹"和"扎螺纹"四个选项。

（8）成形：用于指定螺纹的标准，其下拉列表中包含了 12 种标准。

（9）螺纹头数：用于设置单头螺纹或多头螺纹的头数。

（10）已拔模：用于设置螺纹是否为拔模螺纹。

（11）完整螺纹：用于指定在整个圆柱上创建螺纹。如果圆柱长度改变，螺纹也随之改变。

（12）手工输入：用于设置从键盘输入螺纹的基本参数。

（13）长度：用于设置螺纹的长度，默认值是根据所选圆柱面查螺纹参数表得到的。螺纹长度从起始面进行计算。

（14）从表中选择：用于指定螺纹参数从螺纹参数表中选择。

（15）包含实例：用于对引用特征中的一个成员进行操作，则该阵列中的所有成员全部被创建螺纹。

（16）旋转：用于指定螺纹的旋向，其中可供选择的有右旋螺纹和左旋螺纹两个选项。

（17）选择起始：用于指定一个实体平面或基准平面作为螺纹的起始位置。

在进行创建螺纹操作时，如果选取的圆柱面为外表面，则产生外螺纹；如果选取的圆柱面为内表面，则产生内螺纹。另外，符号螺纹不能进行复制或引用操作，且与选取的圆柱面只是部分关联，即当修改符号螺纹时，圆柱面自动更新，而当修改圆柱面时，符号螺纹并不会更新。而详细螺纹可以进行复制或引用操作，且与选择的圆柱面完全关联，详细螺纹或者圆柱面修改时，另一对象都会自动更新。

§4.4 细节特征习题

（1）用所学建模方式完成图 4.36 所示减速器箱体实体建模。

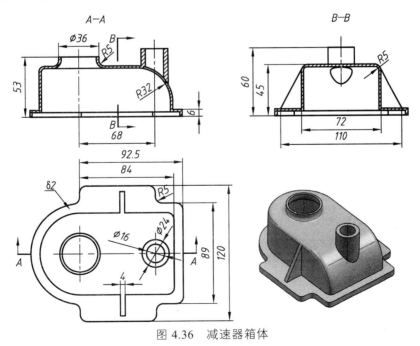

图 4.36 减速器箱体

（2）用所学建模方式完成图 4.37 所示泵体实体建模。

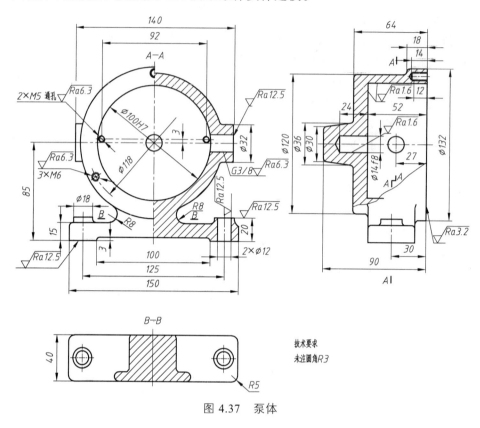

图 4.37　泵体

（3）用所学建模方式完成图 4.38 所示泵盖实体建模。

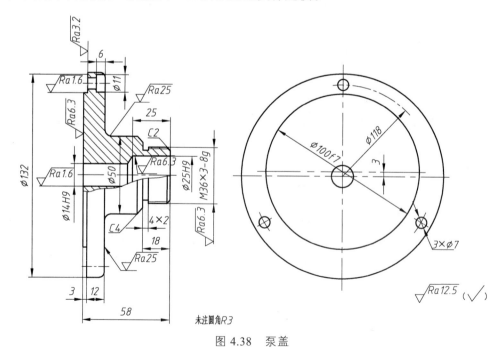

图 4.38　泵盖

第 5 章　曲面造型

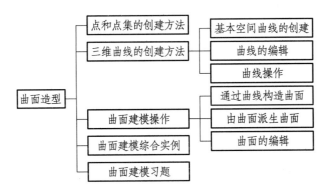

曲面造型是三维造型中的难点。尽管现有的 CAD/CAM 软件提供了十分强大的曲面造型功能，但初学者面对众多的造型功能普遍感到无所适从。针对上述情况，本章从整体上介绍了曲面造型的一般方法，并举例介绍了曲面造型的一般步骤。

§5.1　点和点集的创建方法

§5.1.1　点的创建

点是最小的几何构造元素，它不仅可以按一定次序和规律来构造曲线，还可以通过大量的点云集来构造曲面。点和点集的选择位置如图 5.1 所示。

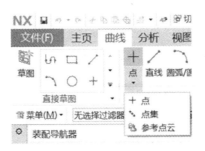

图 5.1　点和点集的选择位置

1. 点构造器

点构造器主要用于单独创建点或者配合其他功能（如创建直线），提供了在三维空间指定点或创建点对象和位置的标准形式。图 5.2 所示为点构造器对话框，点的构造方法如表 5.1 所示。

图 5.2 点构造器对话框

表 5.1 捕捉点方法一览表

捕捉点方法	含　义
自动判断的点	该选项是最常用的选项，根据光标的位置自动判断是下列所述的哪种位置点，如端点、中点等。选择时鼠标右下角会显示相应类型的图标
光标位置	当前光标所在位置投影至 XC-YC 平面内形成的点位置
现有点	在某个现有点上构造点，或通过选择某个现有点指定一个新点的位置
端点	在现有的直线、圆弧、二次曲线以及其他曲线的端点指定一个位置
控制点	在几何对象的控制点指定一个位置
交点	在两条曲线的交点或一条曲线和一个曲面或平面的交点处指定一个位置
圆弧中心/椭圆中心/球心	圆弧、圆、椭圆的圆心和球的球心
圆弧/椭圆上的角度	在沿着圆弧或椭圆成一定角度的地方指定一个位置
象限点	在一个圆弧或一个椭圆的四分点指定一个位置
点在曲线/边上	在选择的曲线上指定一个位置，并且可以通过设置 U 向参数来更改点在曲线上的位置
面上的点	在选择的曲面上指定一个位置，并且可以通过设置 U 向参数和 V 向参数来更改点在曲面上的位置
两点之间	在两点之间指定一个位置
按表达式	使用【点】类型的表达式指定点
输入点的坐标值	可以指定点是相对于工作坐标系还是绝对坐标系。全部设置为 0 即为坐标原点

2. 偏置点

在点构造器中的【偏置】选项（见图 5.3）中包含：

（1）矩形：选择一个现有点，输入相对于现有点的 X、Y、Z 增量来创建点。

（2）圆柱形：选择一个现有点，输入半径、角度及 Z 增量来创建点。

（3）球形：选择一个现有点，输入半径、角度 1 及角度 2 来创建点。

（4）沿矢量：选择一个现有点和一条直线，并输入距离来创建点。

（5）沿曲线：选择一个现有点和一条曲线，并输入圆弧长或圆弧长的百分比来创建点。

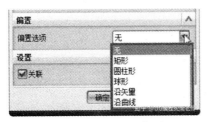

图 5.3　偏置点的类型

§5.1.2　点集的创建

使用点集命令创建一组对应于现有几何体的点（见图 5.4）。

（1）沿曲线、面或在样条的极点处生成点。

（2）重新创建样条的定义极点。

（3）指定点的间距并定义"点集"特征的起始与终止位置。

（4）创建一组相交点。

沿曲线的"点集"特征　样条的定义点处的"点集"特征　　面上的点集特征　　　　交点

图 5.4　点集的类型

1. 曲线上创建点集特征

（1）选择【曲线】→【点】→【点集】。

（2）在【点集】对话框中，从类型列表中选择曲线点。

（3）指定子类型。例如从曲线点产生方法列表中选择几何级数。

（4）在基本几何体下，使用指定曲线或边来选择基本几何体（见图 5.5）。

 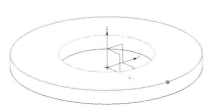

图 5.5　曲线上创建点集特征

（5）在参数下，指定用子类型的参数。例如：点数=10，起始百分比=10，终止百分比=100，如图 5.6 所示。

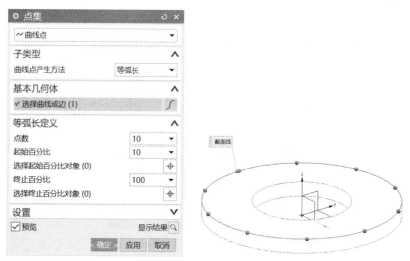

图 5.6　曲线上创建点集

（6）在设置下，根据需要选中或清除关联复选框。

（7）单击【确定】或【应用】来创建点集特征，如图 5.7 所示。

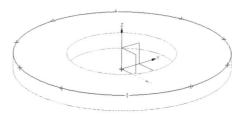

图 5.7　曲线上创建的点集特征效果

2. 样条曲线上的点集特征

（1）选择【曲线】→【点】→【点集】。

（2）在【点集】对话框中，从类型列表中选择曲线点。

（3）指定子类型。例如从样条点类型列表中选择极点（见图 5.8）。

图 5.8　样条曲线上创建点集

（4）在基本几何体下，使用选择样条选项来选择所需的样条。

（5）在设置下，根据需要选中或清除关联复选框。

（6）单击【确定】或【应用】以创建点集特征，如图 5.9 所示。

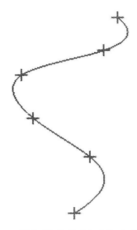

图 5.9　样条极点处创建的点集效果

3. 创建面上的点集特征

（1）选择【曲线】→【点】→【点集】。

（2）在【点集】对话框中，从类型列表中选择面上的点以在现有面上创建一组点。

（3）在子类型下，选择所需的子类型。例如，从面的点产生方法列表中选择阵列子类型（见图 5.10）。

（4）在基本几何体下，使用选择面来选择所需的面。

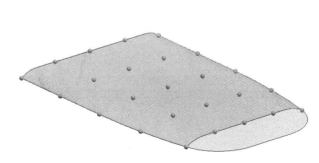

图 5.10　面上点集对话框及选定的面

（5）在参数下，指定 U 方向及 V 方向上的点数（见图 5.11）。

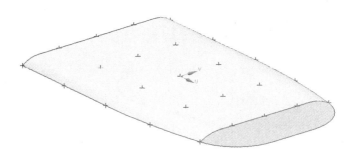

图 5.11　选定面上点集特征的预览

（6）在阵列限制下，确保已选择百分比选项。对于本例，请指定下列各项：起始 U 值、起始 V 值=0，终止 U 值、终止 U 值=75 的点集特征（见图 5.12）。

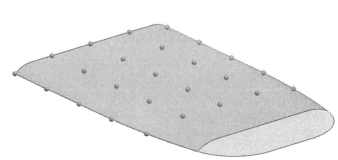

图 5.12　面上点集对话框及选定的面

（7）检查设置选项，并单击【确定】或【应用】来创建点集特征，如图 5.13 所示。

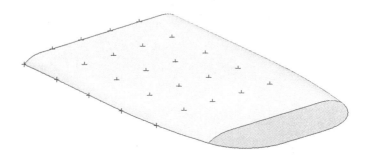

图 5.13　选定面上点集特征的预览

§5.2 三维曲线的创建方法

UG NX 具有强大的曲线（线框）设计功能，这里的曲线不同于草图里的平面曲线，它是单独的特征对象。NX 的曲线工具包括基本曲线工具、派生曲线工具和编辑曲线工具等。

§5.2.1 基本空间曲线的创建

利用【曲线】工具条可以方便地创建各种曲线，如直线、圆、圆弧、样条曲线、抛物线、二次曲线等，如图 5.14 所示。

图 5.14 曲线命令条

1. 基本曲线

基本曲线综合了直线、圆弧、圆、倒圆角、修剪和编辑曲线参数等命令，利用该命令可以快速绘制直线、圆和圆弧。

1）直　线

绘制直线的方法有多种，如表 5.2 所示。

表 5.2 绘制直线方法一览表

命令	功能含义
两点之间	通过一个点并且保持水平或竖直的直线
	通过一个点并平行于 XC、YC 或 ZC 轴的直线
	通过一个点并与 XC 轴成一角度的直线
	通过一个点并平行或垂直于一条直线，或与现有直线成一角度的直线
	通过一个点并与一条曲线相切或垂直的直线
	与一条曲线相切并与另一条曲线相切或垂直的直线
	与一条曲线相切并与另一条直线平行或垂直的直线
	与一条曲线相切并与另一条直线成一角度的直线
	平分两条直线间的角度的直线
	两条平行直线之间的中心线
	通过一点并垂直于一个面的直线
	以一定的距离平行于另一条直线的直线

选择【主菜单】→【曲线】→【直线】选项 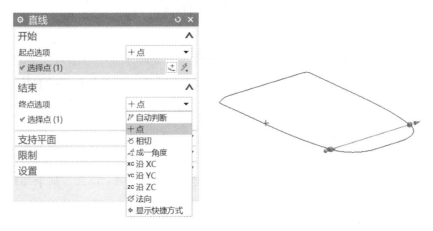，弹出如图 5.15 所示的【直线】对话框。

图 5.15　【直线】对话框

（1）起点：在视图区域中选择直线的起点。直线的起点共有【自动判断】、【点】、【相切】3 个选项。

（2）终点或方向：设置直线终点的方位。

（3）支持平面：设置直线平面的位置，包括【自动平面】、【锁定平面】和【选择平面】3种方式。

（4）限制：主要设置直线的起始限制、距离、终止限制等位置。

操作步骤如下：

（1）进入建模界面。

（2）选择【插入】→【曲线】→【直线】选项，弹出【直线】对话框。

（3）起点的选择，一般选择建好的点作为起点。

（4）终点的选择，可以选择已存在的点作为终点，或在对话框中输入终点的空间位置，或设置终点的方位 1 确定终点，如图 5.15 所示。

2）圆　弧

用【曲线】命令绘制圆弧的方法有两种，分别是：①起点，终点，圆弧上的点；②中心，起点，终点。

创建圆弧步骤如下：

（1）进入建模界面。

（2）选择【主菜单】→【曲线】→【圆弧/圆】选项，弹出如图 5.16 所示的【圆弧/圆】对话框。

（3）在【类型】下拉列表中选择【三点画圆弧】选项。

（4）选择起点，选择终点，最后选择中点，画出如图 5.17 所示的圆弧。

图 5.16　【圆弧/圆】对话框

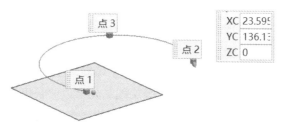

图 5.17　三点画圆弧效果

如果选择图 5.18 所示对话框的【补弧】，则画出图 5.19 所示的圆弧，如果点击【整圆】，则画出图 5.20 所示的圆。

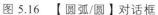

图 5.18　【圆弧/圆】对话框

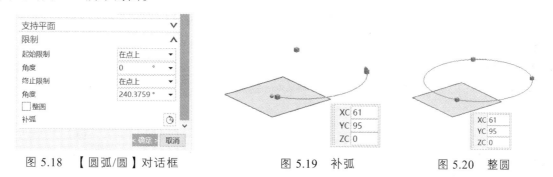

图 5.19　补弧　　　　　图 5.20　整圆

3）直线和圆弧

另外，【直线和圆弧】工具条也提供了 4 种创建圆弧的命令：【圆弧（点-点-点）】、【圆弧（点-点-相切）】、【圆弧（相切-相切-相切）】和圆弧【圆弧（相切-相切-半径）】，如图 5.21 所示。

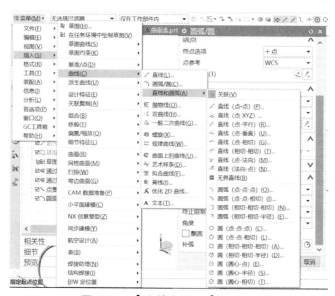

图 5.21　【直线和圆弧】工具条

2. 高级空间曲线

1）螺旋线

螺旋线是工程设计中常用的曲线形状，可以用来制作螺旋弹簧、螺旋桨等零部件。螺旋线创建可以用两种类型，即沿矢量和沿脊线，在该命令界面中涉及多种要创建设置的选项，如半径、直径、螺距、长度和旋转方向等。如图 5.22 所示，执行【插入】→【曲线】→【螺旋线】，激活【螺旋线】命令，出现【螺旋线】对话框，如图 5.23 所示，注意"大小、螺距、长度"三栏。如果要创建平面螺旋线，先修改"长度"一栏，默认的方法是"限制"，此时改成"圈数"，并同时将圈数改成"1"。设置的螺旋线如图 5.24 所示。

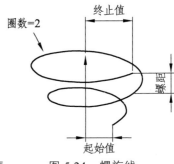

图 5.22　【螺旋线】命令　　图 5.23　【螺旋线】对话框　　图 5.24　螺旋线

2）艺术样条曲线

UG 生成的样条曲线为 NURBS 样条曲线（非均匀有理 B 样条曲线）。B 样条曲线拟合逼真，形状控制方便，是 CAD/CAM 领域描述曲线和曲面的标准。

（1）样条阶次。

"样条阶次"是指定义样条曲线多项式公式的次数，UG 最高的样条阶次为 24 次，通常为 3 次样条。曲线的阶次用于判断曲线的复杂程度，而不是精确程度。对于 1、2、3 次的曲线，可以判断曲线的顶点和曲率反向的数量。

① 低阶次曲线的优点：更加灵活；更加靠近它们的极点；后续操作（加工和显示等）运行速度更快；便于数据转换（因为许多系统只接受 3 次曲线）。

② 高阶次曲线的缺点：灵活性差；可能引起不可预见的曲率波，造成数据的转换问题，导致后续操作执行速度减缓。

（2）样条曲线的段数。

样条曲线的段数可以采用单段或多段的方式来创建。

① 单段方式：单段样条曲线的阶次由定义点的数量控制，阶次=顶点数−1，因此单段样条曲线最多只能使用 25 个点。这种方式受到一定的限制。定义的数量越多，样条曲线的阶次就越高，样条曲线的形状就会出现意外结果，所以一般不采用。

② 多段方式：多段样条曲线的阶次由用户指定（≤24），样条曲线定义点的数量没有限制，但至少比阶次多一点（如 5 次样条曲线，至少需要 6 个定义点）。在汽车设计中，一般采用 3 ~ 5 次样条曲线。

（3）绘制艺术样条曲线。

① 定义点：定义样条曲线的点，使用"根据极点"方法建立的样条曲线是没有定义点的，某些编辑样条曲线的命令会自动删除定义点。

② 节点：样条曲线每段上的端点，主要针对多段样条曲线而言，单段样条曲线只有两个节点，即起点和终点。

③ 点击【插入】→【曲线】→【艺术样条命令】，弹出【艺术样条】对话框，如图 5.25 所示。

图 5.25　【艺术样条】对话框

方法 1：通过点。

在【艺术样条】对话框中，类型选择"通过点"。此时，在绘图区用鼠标左键点击，选取几个点，可以看到会出现一条通过点的样条曲线，点击【确定】完成样条曲线的绘制，如图 5.26 所示。

图 5.26　通过点绘制样条曲线

注意：

a. 选取的点数量没有上限；

b. 绘制好后，若形状不满意，也可以双击样条曲线，拖动线上的控制点，调整形状；

c. 绘制好后，可以对样条曲线上的点标注尺寸或添加约束，来固定样条曲线。

方法 2：根据极点。

在【艺术样条】对话框中，类型选择"根据极点"。此时，在绘图区用鼠标左键点击，选取几个点，可以看到会出现一条通过点的样条曲线，点击【确定】完成样条曲线的绘制。

注意：

a. 选取的点数量没有上限；

b. 选取极点最少个数，与参数化中的"次数"大小有关，次数为 3 时，最少 4 个点，次数越大，所需最少极点数越多；

c. 样条曲线首位通过极点；

d. 绘制好后，若形状不满意，也可以双击样条曲线，拖动极点，调整形状；

e. 绘制好后，可以对样条线的极点标注尺寸或添加约束，来固定样条曲线。

3）规律曲线

【规律曲线】选项用于使用规律子函数创建样条曲线。规律样条曲线定义为一组 X、Y 及 Z 分量，为 X、Y 及 Z 各分量选择并定义一个规律选项，如图 5.27 所示。

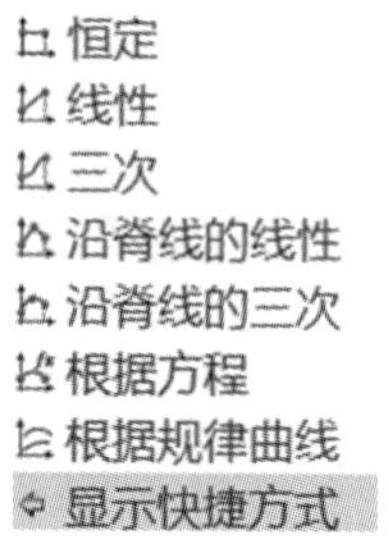

图 5.27　规律函数

对于所有规律样条曲线，必须组合使用规律子函数选项（即 X 分量可能是线性规律，Y 分量可能是等式规律，而 Z 分量可能是常数规律）。通过组合不同的选项，可控制每个分量以及样条曲线的数学特征。既可以定义二维规律样条曲线，也可以定义三维规律样条曲线。例如，二维规律样条曲线要求一个平面具有常数值（即如果 Z 分量由某一常数规律定义为值 0，则可在 $Z=0$ 的 XC-YC 平面上生成一条曲线。同理，如果 X 分量由某一常数规律定义为值 100，则在 $X=100$ 的 ZC-YC 平面内生成一条曲线）。表 5.3 为规律函数类型一览表。

表 5.3　规律函数类型一览表

名称	图标	含　义
恒定		在绘制曲线过程中，设定为该规律的坐标值为常数
线性		在绘制曲线过程中，设定为该规律的坐标值在某个数值范围内呈线性变化
三次		在绘制曲线过程中，设定为该规律的坐标值在某个数值范围内呈三次方规律变化
沿着脊线的线性		在绘制曲线过程中，设定为该规律的坐标值在沿一条脊线设置的两点或多个点所对应的规律值范围内呈线性变化
沿着脊线的三次		在绘制曲线过程中，设定为该规律的坐标值在沿一条脊线设置的两点或多个点所对应的规律值范围内呈三次方规律变化
根据方程		在绘制曲线过程中，设定为该规律的坐标值根据表达式变化
根据规律曲线		在绘制曲线过程中，利用一条已存在规律曲线的规律来控制坐标值的变化

§5.2.2　曲线的编辑

利用【编辑曲线】工具条上的命令，可以方便地对现有曲线进行编辑和修改。编辑曲线命令有【编辑曲线】、【编辑曲线参数】、【修剪曲线】、【修剪拐角】、【分割曲线】、【编辑圆角】、【拉长曲线】、【曲线长度】和【光顺样条】，如图 5.28 所示。

图 5.28　曲线编辑命令

1. 修剪曲线

修剪曲线的多余部分到指定的边界对象，或者延长曲线一端到指定的边界对象，如图 5.29 所示。

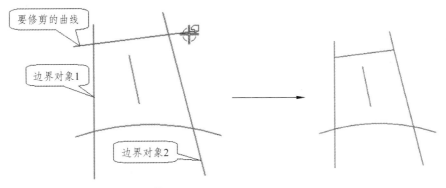

图 5.29　修剪曲线

修剪时，注意鼠标点击的位置。

2. 分割曲线

将指定曲线分割成多个曲线段，所创建的每个分段都是单独的曲线，并且与原始曲线使用相同的线型。【分割曲线】对话框如图 5.30 所示。

图 5.30　分割曲线

§5.2.3　曲线操作

常用的曲线操作有：【偏置曲线】、【桥接曲线】、【简化曲线】、【连接曲线】、【投影曲线】、【组合投影】、【相交线】、【界面线】、【析出线】、【沿面偏置】和【缠绕/展开曲线】，如图 5.31 所示。

图 5.31　曲线操作图标

1. 偏置曲线

可以偏置直线、圆弧、二次曲线、样条、边和草图。使用偏置曲线命令可在距现有直线、圆弧、二次曲线、样条和边的一定距离处创建曲线。偏置曲线是通过垂直于选定基本曲线或位于选定基本曲线某一矢量处计算的点来构造的。可以选择是否使偏置曲线与其输入数据相关联。曲线可以：

（1）在由选定的几何体定义的平面中进行偏置。

（2）使用拔模角和高度选项偏置到平行的平面。

（3）使用 3D 轴向方法时沿指定的矢量偏置。

（4）多条曲线只有位于连续线串中时才能偏置。

生成的曲线的对象类型与其输入曲线相同，但二次曲线的偏置选项和 3D 轴向方法创建的曲线除外，这两种曲线偏置为样条曲线。如果输入线串是线性的，则必须通过定义一个与输入线串不共线的点来定义平面。该平面用作偏置平面，可以创建四种不同类型的偏置曲线，如表 5.4 和图 5.32 所示。

表 5.4　偏置曲线类型一览表

名　称	图　示	含　义
距离类型		在源曲线的平面中以恒定距离对曲线进行偏置
拔模类型		与源曲线的平面呈一定角度地以恒定距离对曲线进行偏置
规律控制类型		在源曲线的平面中以规律控制的距离对曲线进行偏置
3D 轴向类型		向源曲线平面的矢量方向以恒定距离对曲线进行偏置

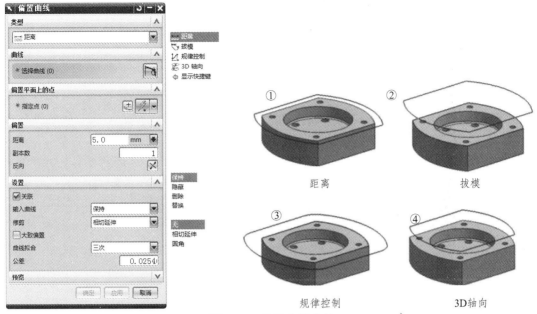

图 5.32　偏置曲线方法

2. 桥接曲线

可以在现有几何体之间创建桥接曲线并对其进行约束，如图 5.33 所示。

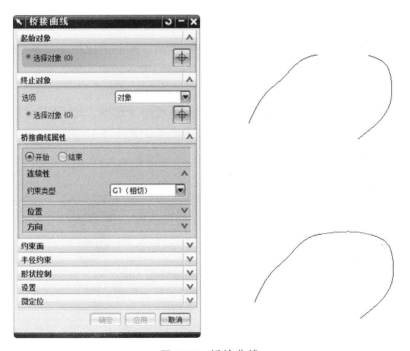

图 5.33　桥接曲线

【形状控制】对话框如图 5.34 所示，歪斜反映了最大曲率半径点的位置，深度反映了曲率半径的大小，如图 5.35 所示。

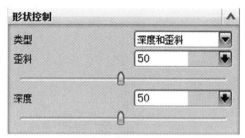

图 5.34　【形状控制】对话框

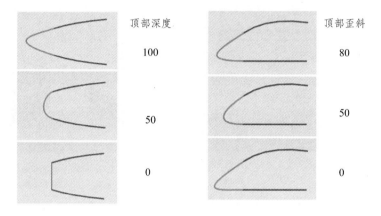

图 5.35　桥接曲线的歪斜和深度

3．投影曲线

使用【投影曲线】命令可将曲线、边和点投影到面、小平面化体和基准平面上。可以使投影方向指向指定的矢量、点或面的法向，或者与它们成一角度。NX 会修剪面的孔上或边上的投影曲线。

选择【主菜单】→【曲线】→【派生曲线】→【投影】选项，选择螺旋线为投影曲线，选择三棱柱为放置面，将螺旋线投影到三棱柱外表面上，如图 5.36 所示。

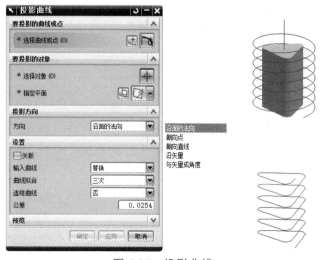

图 5.36　投影曲线

4. 组合投影

使用组合投影命令可在两条投影曲线的相交处创建一条曲线。可以：

（1）选择曲线、边、面、草图和线串。

（2）指定新曲线是否与输入曲线关联。

（3）指定是要保持、隐藏、删除还是替换输入曲线。

首先画一条线条，再绘制一条侧边的线。有了这两条线就可以进行组合投影。在插入中来自曲线集的曲线里面有一个组合投影，点击第一条线，选择一个投影矢量，再选择曲线 2，进行应用，就会出现第三条线。这条线不管从原来哪一条线的方向看，都是重合的，所以这条交线，可以说是两个曲面的交线，如图 5.37 所示。

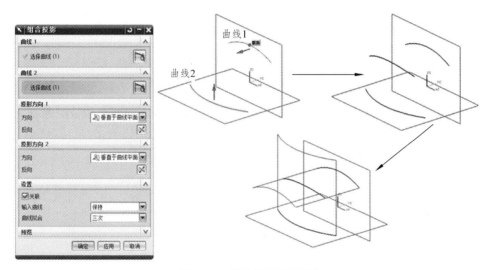

图 5.37　组合投影对话框

例题：如图 5.38 所示回形针图样，用组合投影及管命令完成建模。

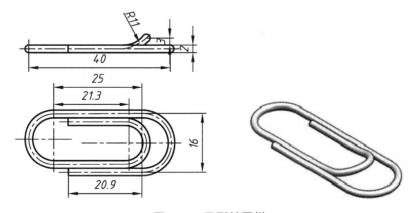

图 5.38　回形针图样

1）建模流程

回形针建模流程如图 5.39 所示。

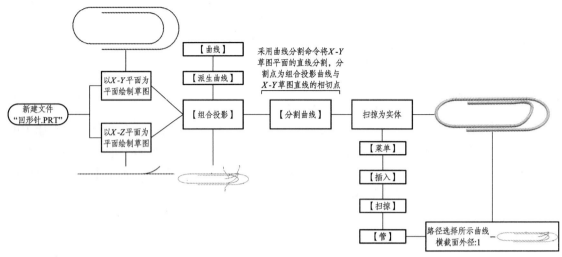

图 5.39　回形针建模流程

2）建模步骤

（1）以 X-Y 平面为草图平面绘制如图 5.40（a）所示的回形针草图，以 X-Z 平面为草图平面绘制如图 5.40（b）所示的回形针圆弧草图。

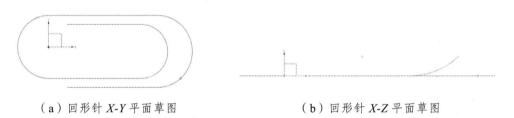

（a）回形针 X-Y 平面草图　　　　　　　　　（b）回形针 X-Z 平面草图

图 5.40　回形针平面草图

（2）选择【曲线】→【派生曲线】→【组合投影】，在图 5.41 所示的对话框曲线 1 中选择图 5.42 中的曲线 1，曲线 2 选择图 5.39 中的 2，最后形成曲线 3。

图 5.41　【组合投影】对话框

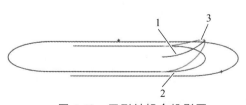

图 5.42　回形针组合投影图

（3）采用曲线分割命令将图 5.43 中 *X-Y* 草图平面的直线分割，分割点为组合投影曲线与 *X-Y* 草图直线的相切点。

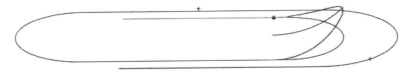

图 5.43　回形针分割直线图

（4）选择【菜单】→【插入】→【扫掠】→【管】，路径选择如图 5.44 所示的曲线，横截面外径为 2，最后形成如图 5.45 所示的回形针三维模型图。

图 5.44　管命令扫掠回形针图

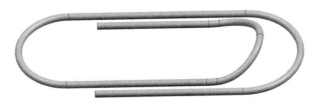

图 5.45　回形针三维模型图

§5.3　曲面建模操作

曲面造型分两种方法：一是由曲线构造曲面；二是由曲面派生曲面。曲面造型有三种应用类型：一是原创产品设计，由草图建立曲面模型；二是根据二维图纸进行曲面造型，即所谓图纸造型；三是逆向工程，即点测绘造型。

这里介绍图纸造型的一般实现步骤。图纸造型过程可分为两个阶段：

第一阶段是造型分析，确定正确的造型思路和方法，包括：

（1）在正确识图的基础上将产品分解成单个曲面或面组。

（2）确定每个曲面的类型和生成方法，如直纹面、拔模面或扫掠面等。

（3）确定各曲面之间的连接关系（如倒角、裁剪等）和连接次序。

（4）完成产品中结构部分（实体）的造型。

第二阶段是造型的实现，包括：

（1）根据给出的产品图纸在 CAD/CAM 软件中画出必要的二维视图轮廓线，并将各视图变换到空间的实际位置。

（2）针对各曲面的类型，利用各视图中的轮廓线完成各曲面的造型。

（3）根据曲面之间的连接关系完成倒角、裁剪等工作。

（4）完成产品中结构部分（实体）的造型。

§5.3.1　通过曲线构造曲面

1.【直纹】构造曲面

【直纹】命令是指利用两条截面线串生成曲面或实体。截面线串可以由单个或多个对象组成，每个截面线串对象可以是曲线、实体边界或实体表面等几何体。直纹面包括以下几种：锥面、柱面、盘旋面、单叶双曲回转面、马鞍面及空间曲线的切线曲面，该曲面无须拉伸或撕裂便可展平在平面上。

单击选择【曲面】选项卡中【曲面网格划分】选项板中的【直纹】命令按钮弹出【直纹】对话框，如图 5.46 所示。

图 5.46　【直纹】对话框

例："天圆地方"的产品造型。

图 5.47 为"天圆地方"的产品造型，事先绘制好两个平行面上的圆形与长方形，选择【直纹】命令，截面线串 1 选择圆，截面线串 2 选择长方形，生成的产品侧面会有扭曲现象。这时可以在圆形草图中绘制辅助线，对圆形分割成四段相对应的圆弧，如图 5.48 所示，重复直纹命令则生成图 5.48 所示的天圆地方曲面实体构造。"天圆地方"的产品都可以用该命令完成，需要注意截面的对齐方式。

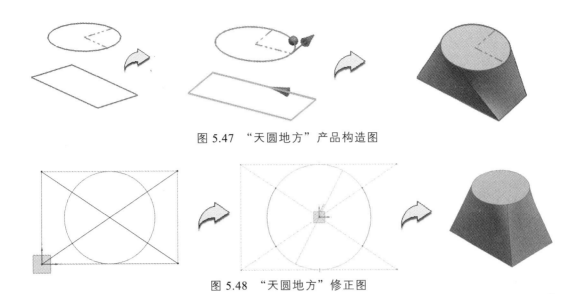

图 5.47　"天圆地方"产品构造图

图 5.48　"天圆地方"修正图

2.【通过曲线组】构造曲面

使用【通过曲线组】命令可创建穿过多个截面的体，其中形状会发生更改以穿过每个截面。一个截面可以由一个或多个对象组成，并且每个对象都可以是曲线、实体边或面的边的任意组合。可以执行以下操作：

（1）使用多个截面来创建片体或实体。

（2）通过以各种方式将曲面与截面对齐，控制该曲面的形状。

（3）将新曲面约束为与相切曲面 G0、G1 或 G2 连续。

（4）指定一个或多个输出补片。

（5）生成垂直于结束截面的新曲面。

通过曲线组命令与直纹命令相似。使用通过曲线组，可以使用两个以上的截面，并可以在起始截面与终止截面处指定相切或曲率约束。如图 5.49 所示，在曲线菜单中画空间直线和半圆，然后选择【菜单】→【插入】→【网格曲面】→【通过曲线组】，选择曲线时需要按照方向依次选取，每添加选择一个曲线，需要点击"添加新集"选取，完成项目。

图 5.49　【通过曲线组】构造曲面

3.【有界平面】构造曲线

"有界平面"用于创建由一组端点相连的平面曲线封闭的平面片体。选择【菜单】→【插入】→【曲面】→【有界平面】，选择曲线即可生成曲面。

4.【扫掠】构造曲面

扫掠曲面同拉伸一样，通过一截面在某个方向上的运动形成曲面。不同的是扫掠曲面是截面沿指定的轨迹运动，而不再是单一的方向。它与通过网格曲面相比更适合于创建狭长的曲面，常见的扫掠曲面有样式扫掠、扫掠、通过引导线扫掠、管道、变化的扫掠。

5.【N 边曲面】构造曲面

"N 边曲面"是通过由一组端点相连成曲线而形成的封闭曲面。"N 边曲面"的主要功能与"有界平面"相同，主要是修补平面或曲面上的破孔。

【N 边曲面】打开方式：选择【菜单】→【插入】→【网格曲面】→【N 边曲面】，由一系列曲线构成曲面。根据构造曲面的曲线分布规律，网格曲面可分为单方向网格曲面和双方向网格曲面。单方向网格曲面由一组平行或近似平行的曲线构成；而双方向网格曲面由一组横向曲线和另一组与之相交的纵向曲线构成。如图 5.50 所示的曲面上的破洞，进入【N 边曲面】命令后，选择片体孔的边，这时候补出来的面比我们需要的要大，点击【N 边曲面】的菜单栏中的设置，勾选下方的修剪到边，此时大小就是所缺的部分，但是面的质量会很差，两者过渡是不光滑的。点击【约束】，选择被补的面，这时点击【确定】，这个曲面就被补好了。

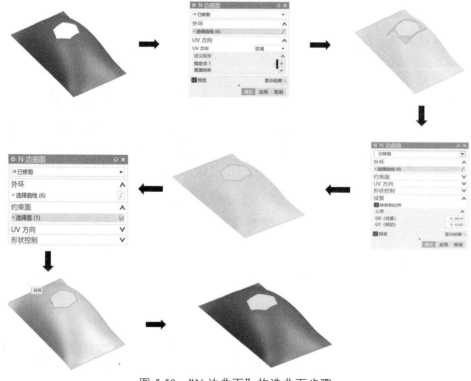

图 5.50 "N 边曲面"构造曲面步骤

6.【通过曲线网格】构造曲面

直纹和通过曲线组，都是在一个方向上选择曲线。通过曲线网格构建曲面，是在两个方向上来选择曲线形成曲面的。我们把其中一个方向叫作主曲线方向，第二个方向叫作交叉曲线方向。主曲线和交叉曲线像网一样交织在一起，即可以在它们的交织范围之内形成曲面。由于这种区别，它在两个方向上都有控制曲线，可以很好地控制曲面的四个边界以及内部的形状，因此，它是最常用的创建复杂曲面的方法之一。用网格曲面命令拟合曲面时，相对的两组线分组选，第一条和第二条方向要同向，四条线要封闭，如图 5.51 所示。

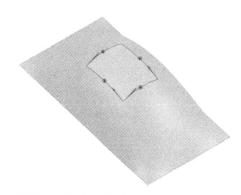

图 5.51　【通过曲线网格】构造曲面

7. 拟合曲面

拟合曲面是由一系列有序点拟合而成的曲面。

§5.3.2　由曲面派生曲面

1. 延伸曲面

使用延伸曲面命令在曲面边或拐角处创建延伸曲面片体。基于边的延伸曲面有两种定义方法：相切和圆形，如图 5.52 所示。基于拐角的延伸曲面使用原始曲面指定的 U 和 V 百分比来确定已延伸曲面的大小。

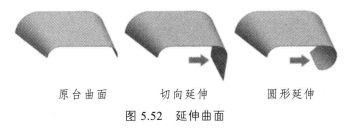

原台曲面　　　　切向延伸　　　　圆形延伸

图 5.52　延伸曲面

单击【插入】→【弯边曲面】工具条中的【延伸】按钮，打开【延伸】对话框，单击【圆的】按钮，弹出【圆形延伸】对话框，在类型中选择"边"，单击要进行延伸的曲面，如图5.53 所示。

图 5.53 【延伸曲面】对话框

接着在曲面要进行延伸的边处单击，在【延伸】对话框中，在【方法】文本框中选择"相切"，在【距离】文本框中选择"按长度"，在【长度】文本框中输入要延伸的长度，这里输入"15"，单击【确定】按钮完成曲面的延伸，如图 5.54 所示。

图 5.54 延伸曲面效果

2. 偏置曲面

曲面的偏置用于创建一个或多个现有面的偏置曲面，或者是偏移现有曲面。

创建偏置曲面是以已有曲面为源对象，创建（偏置）新的与源对象形状相似的曲面。以图 5.55 所示的偏置曲面为例来说明创建偏置曲面的一般操作过程。绘制实体，然后在【特征】工具条中单击【偏置曲面】按钮，打开【偏置曲面】对话框，单击选择模型的外表面，然后在打开的【偏置曲面】对话框的【偏置 1】文本框中输入偏置的数值，这里输入 15 mm，表示所选曲面往外偏置 15 mm，单击【确定】按钮完成曲面的复制。

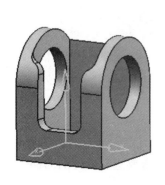

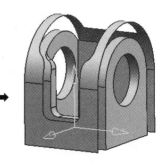

图 5.55 偏置曲面

在进行偏置时，主要有以下两种方式：一是单击选择多个曲面并输入相应的偏置值，即可生成多个曲面的偏置曲面，不过这种方法各曲面的偏置值相同；二是选择完一个曲面并设置好其偏置值后，在【偏置曲面】对话框中单击【添加新设置】按钮，然后再单击其他曲面并设置其偏置值，这种方法可以生成不同偏置值的曲面。

§5.3.3　曲面的编辑

1. 缝合曲面

缝合曲面的作用是将某些曲面边线相邻但不重合的曲面缝合成一个曲面，曲面造型时常用来形成实体，另外，还可以是在实体上生成曲面。如图 5.56 所示，把曲面①、②、③缝合在一起，选择【菜单】→【插入】→【组合】→【缝合】，弹出如图 5.57 所示的对话框，依次选择三个曲面，可以将封闭片体转成实体。使用 UG 软件缝合命令时需要注意，如果片体之间相距超过了公差范围或片体之间不相连，不相连的曲面会出现缝合失败。一般情况下只需要将公差调大即可。

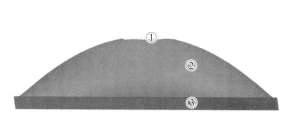

图 5.56　被缝合曲面

图 5.57　【缝合】对话框

2. 修剪片体

使用【修剪片体】命令可将片体修剪为相交面与基准，以及投影曲线和边。选择【菜单】→【插入】→【修剪】→【修剪片体】，单击要修剪的片体（见图 5.58），然后单击打开的【修剪片体】对话框中的【选择对象】按钮（见图 5.59），单击选择绘图区中的文字，单击【投影方向】标签栏，在【投影方向】下拉列表中选择【垂直于面】项，【选择区域】项选择保留，则创建为图 5.60 所示的曲面，【选择区域】项选择放弃，则创建为图 5.61 所示的曲面。

图 5.58　被修剪曲面

图 5.59　修剪片体对话框

图 5.60　修剪片体保留结果　　　　　　图 5.61　修剪片体放弃结果

3. 曲面加厚

曲面加厚功能可以将开放的曲面进行偏置生成实体，并且生成的实体可以和已有的实体进行布尔运算。用户可以通过选择【菜单】→【插入】→【偏置/缩放】→【加厚】命令进行曲面的实体化，则弹出如图 5.62 所示的【加厚】对话框，选择图 5.58 所示的曲面，偏置厚度为 2.5 mm，则构建为图 5.63 所示的实体。

图 5.62　【加厚】对话框

图 5.63　加厚片体为实体

片体加厚可以实现多个区域的不等厚加厚，首先在选择面里把所有的面添加成一个厚度，然后再切换到区域行为中。不等厚区域，选择不等厚的面，设置它们的厚度，通过添加集的形式，来添加不同的厚度。如图 5.64（a）通过不等厚度加厚为图 5.64（c）所示的实体模型。

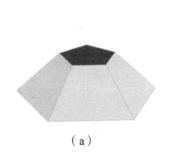

（a）　　　　　　　　　（b）　　　　　　　　　（c）

图 5.64　多个区域的不等厚加厚

§5.4　曲面建模综合实例

通过本节塑料瓶案例的建模，主要学习曲面造型中"通过曲线网格""有界平面"以及"缝合"的使用方法。

如图 5.65 所示，创建该零件首先需要构建曲面主体，然后构建有界平面，使用"缝合"命令得到瓶子实体，同时使用"偏置面"延伸实体，再使用"拉伸"命令修剪部分实体，最后使用"抽壳"命令，完成瓶子的创建，具体流程图如图 5.66 所示。本节的重点和难点就是"通过曲线网格"和"偏置面"等命令的使用方法。

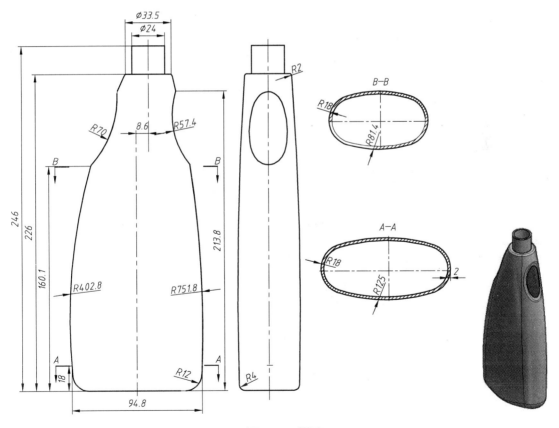

图 5.65　题图

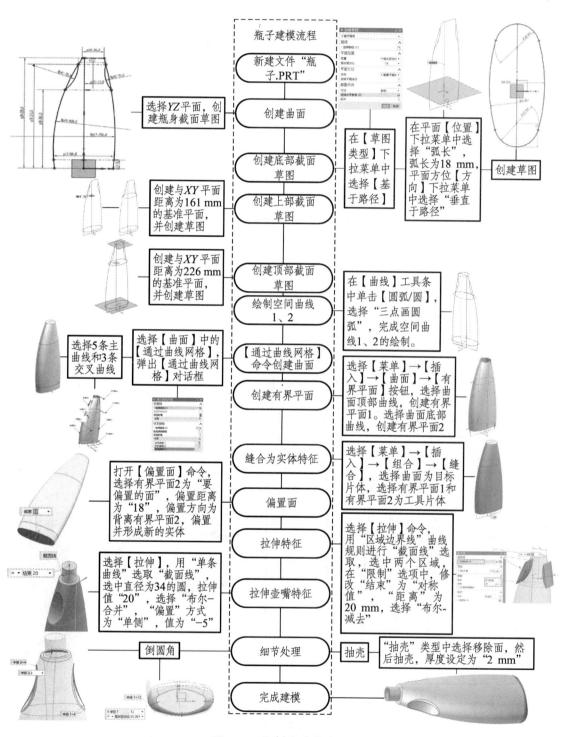

瓶子建模流程

新建文件"瓶子.PRT"

创建曲面 ← 选择YZ平面，创建瓶身截面草图

创建底部截面草图 → 在【草图类型】下拉菜单中选择【基于路径】 → 在平面【位置】下拉菜单中选择"弧长"，弧长为18 mm，平面方位【方向】下拉菜单中选择"垂直于路径"

创建草图

创建上部截面草图 ← 创建与XY平面距离为161 mm的基准平面，并创建草图

创建顶部截面草图 ← 创建与XY平面距离为226 mm的基准平面，并创建草图

绘制空间曲线1、2 → 在【曲线】工具条中单击【圆弧/圆】，选择"三点画圆弧"，完成空间曲线1、2的绘制。

通过曲线网格命令创建曲面 ← 选择【曲面】中的【通过曲线网格】，弹出【通过曲线网格】对话框 ← 选择5条主曲线和3条交叉曲线

创建有界平面 → 选择【菜单】→【插入】→【曲面】→【有界平面】按钮，选择曲面顶部曲线，创建有界平面1。选择曲面底部曲线，创建有界平面2

缝合为实体特征 → 选择【菜单】→【插入】→【组合】→【缝合】，选择曲面为目标片体，选择有界平面1和有界平面2为工具片体

偏置面 ← 打开【偏置面】命令，选择有界平面2为"要偏置的面"，偏置距离为"18"，偏置方向为背离有界平面2，偏置并形成新的实体

拉伸特征 → 选择【拉伸】命令，用"区域边界线"曲线规则进行"截面线"选取，选中两个区域，在"限制"选项中，修改值"结束"为"对称值"，"距离"为20 mm，选择"布尔-减去"

拉伸壶嘴特征 ← 选择【拉伸】，用"单条曲线"选取"截面线"，选中直径为34的圆，拉伸值"20"，选择"布尔-合并"，"偏置"方式为"单侧"，值为"−5"

细节处理 ← 倒圆角 / 抽壳 → "抽壳"类型中选择移除面，然后抽壳，厚度设定为"2 mm"

完成建模

图 5.66　塑料瓶建模流程

1. 创建曲面

1）创建瓶身界面草图 1

选择 *Y-Z* 平面，创建瓶身截面草图 1，在草图平面，绘制如图 5.67 所示的草图。

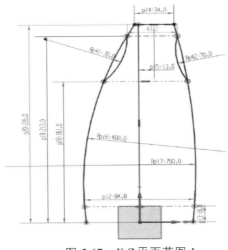

图 5.67　*Y-Z* 平面草图 1

2）创建草图 2

单击【草图】命令，系统弹出【创建草图】对话框。在【草图类型】下拉菜单中选择【基于路径】，如图 5.68（a）所示，选择图 5.68（b）所示线段作为【路径】（在靠近坐标系一端选择线段）。在平面位置【位置】下拉菜单中选择【弧长】，弧长为 18 mm，平面方位【方向】下拉菜单中选择【垂直于路径】，【反转平面法向】设置草图 *Z* 轴方向。【草图方向】选择绝对坐标系 *XY* 平面为草图平面，绘制如图 5.68（c）所示的草图 2。

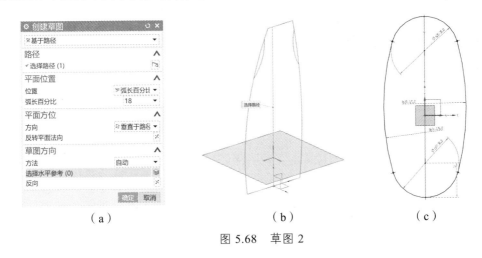

（a）　　　　　　　　　（b）　　　　　　　　　（c）

图 5.68　草图 2

3）创建草图 3

同创建草图 2，如图 5.69（a）创建与 *XY* 平面距离为 161 mm 的基准平面，并创建如图 5.69（b）所示的草图。

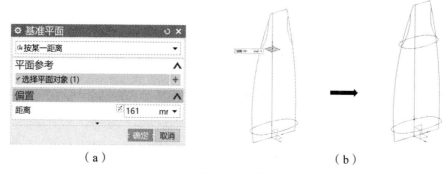

（a） （b）

图 5.69　草图 3

4）创建草图 4

创建与 *XY* 平面距离为 226 mm 的基准平面，并创建如图 5.70 所示的草图。

注意：圆直径的两端点与线段的两端点分别重合。

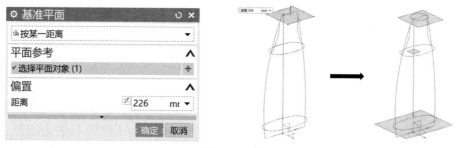

图 5.70　草图 4

5）绘制空间曲线 1 和空间曲线 2

在【曲线】工具条中单击【圆弧/圆】按钮，系统弹出【圆弧/圆】对话框。在【类型】下拉列表中选择【三点画圆弧】。拾取点象限点 1、点 2 和点 3 分别作为圆弧的起点、终点和中点。单击【确定】按钮完成空间曲线 1 的绘制。同理，绘制空间曲线 2，如图 5.71 所示。

（a） （b） （c）

图 5.71　空间曲线

6）使用"通过曲线网格"命令创建曲面

在【曲面】工具条中单击【通过曲线网格】按钮，弹出【通过曲线网格】对话框。通过该对话框选择 5 条主曲线和 3 条交叉曲线，如图 5.72 所示。

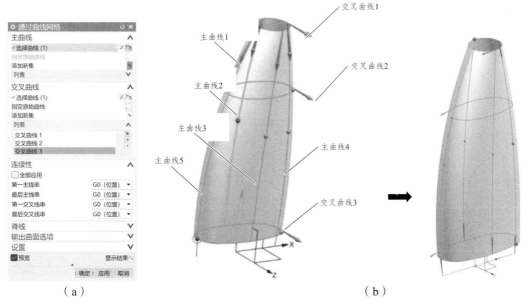

（a）　　　　　　　　　　　　　　　（b）

图 5.72　"通过曲线网格"命令创建曲面

2. 创建有界平面

选择【菜单】→【插入】→【曲面】→【有界平面】按钮，弹出【有界平面】对话框。在工作区中选择曲面顶部曲线，创建有界平面 1。使用同样的方法，选择曲面底部曲线，创建有界平面 2，如图 5.73 所示。

图 5.73　有界平面

3. 创建缝合特征

选择【菜单】→【插入】→【组合】→【缝合】，打开【缝合】对话框，选择曲面为目标片体，选择有界平面 1 和有界平面 2 为工具片体，如图 5.74 所示。

图 5.74　缝合特征

4. 偏置面

打开【偏置面】命令，系统弹出【偏置面】对话框，选择有界平面 2 作为"要偏置的面"，修改偏置距离为"18"，通过反向按钮设置偏置方向为背离有界平面 2，单击【确定】按钮，选中的面偏置，并形成新的实体，如图 5.75 所示。

图 5.75　偏置面

5. 创建拉伸特征 1

选择【拉伸】命令，用"区域边界曲线"曲线规则进行"截面线"选取，选中两个区域，在【限制】选项中，修改【结束】为"对称值"，【距离】为 20 mm，选择【布尔-减去】，如图 5.76 所示。

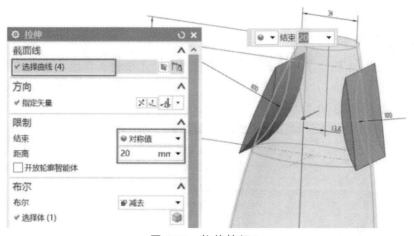

图 5.76　拉伸特征 1

6. 创建拉伸特征 2

选择【拉伸】命令，用"单条曲线"曲线规则进行"截面线"选取，选中直径为 $\phi34$ 的圆，在【限制】选项中，修改【开始】为"0"，【结束】为"20"，选择【布尔-合并】，【偏置】方式为"单侧"，【结束】为"-5"，如图 5.77 所示。

7. 倒圆角

使用【边倒圆】命令，在直径为 $\phi34$ 的圆处倒 $R2$ 的圆弧。拉伸特征 1 与主体相交处倒 $R4$ 的圆弧，如图 5.78 所示。瓶底最下端曲线使用变半径倒圆角，设定值如图 5.79 所示。

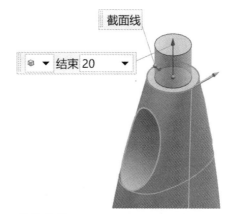

图 5.77　拉伸特征 2

图 5.78　边倒圆 1

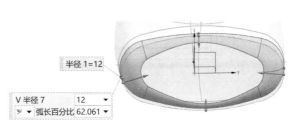

图 5.79　边倒圆 2

8. 抽壳，完成造型

（1）使用【抽壳】命令。

选择【抽壳】命令，系统弹出【抽壳】对话框，在【类型】中选择"移除面，然后抽壳"，要穿透的面选择拉伸特征 2 的上表面，【厚度】设定为"2 mm"，如图 5.80 所示。

（2）使用【显示和隐藏】命令，隐藏草图和基准面。

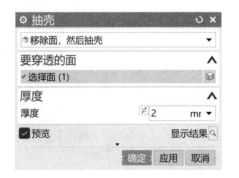

图 5.80　创建抽壳特征

§5.5　曲面建模习题

（1）用【空间曲线】及【管】命令完成图 5.81 所示的曲面模型。

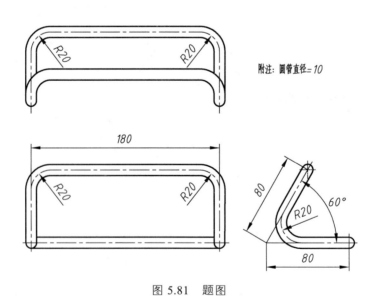

图 5.81　题图

（2）用【N 边曲面】及其他命令完成图 5.82 所示的曲面建模。

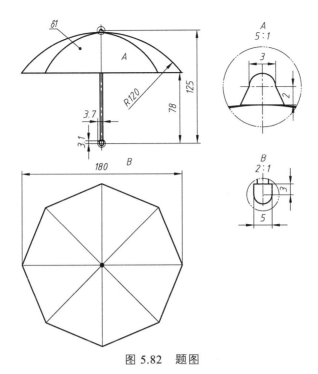

图 5.82　题图

（3）用合理的曲面建模命令完成图 5.83 所示的吊钩模型。

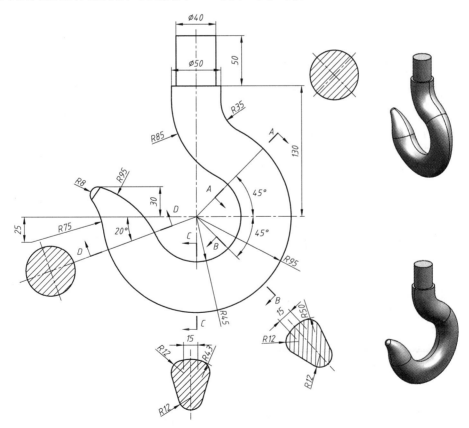

图 5.83　题图

（4）三角曲面的视图和尺寸如图 5.84 所示，请制作该曲面的 3D 模型，然后用"三角曲面"作为文件名保存在考生文件夹中（允许使用三角曲面的实体模型完成本造型）。

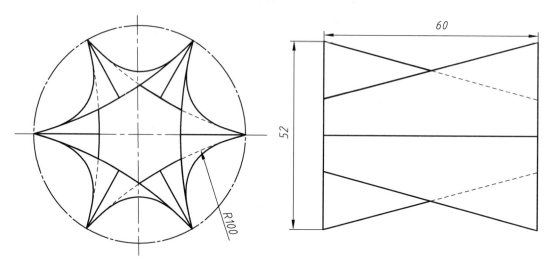

图 5.84　题图

（5）用曲面建模命令完成图 5.85 和图 5.86 所示的实体建模。

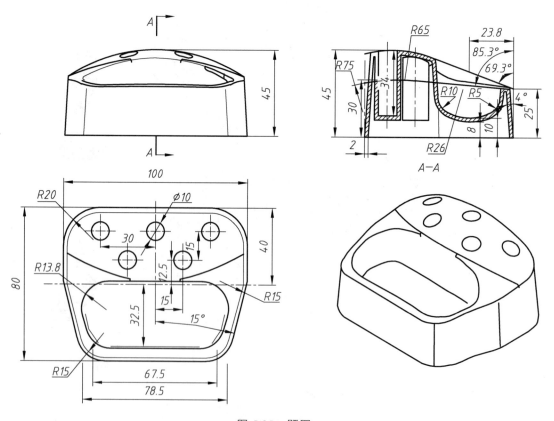

图 5.85　题图

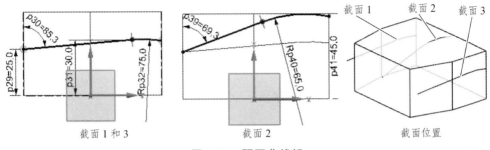

图 5.86　题图曲线组

（6）通过本章曲面造型中"通过曲线网格""有界平面"以及"缝合""偏置面"等命令构建图 5.87 所示的茶壶模型。

图 5.87　题图

第6章 装 配

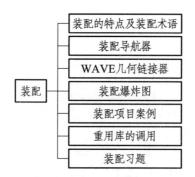

装配是制造的最后环节，数字化预装配可以尽早发现问题，如干涉与间隙等。整个装配环节，本质上是将产品零件进行组织、定位和约束的过程，从而形成产品的总体结构和装配图。UG 装配过程是在装配中建立部件之间的链接关系。它是通过关联条件在部件间建立约束关系，进而来确定部件在产品中的位置，形成产品的整体机构。在 UG 装配过程中，部件的几何体是被装配引用，而不是复制到装配中。因此无论在何处编辑部件和如何编辑部件，其装配部件保持关联性。如果某部件修改，则引用它的装配部件将自动更新。本章将在前面章节的基础上，讲述如何利用 UG NX 12.0 的强大装配功能将多个部件或零件装配成一个完整的组件。

装配模块是 UG NX 集成环境中的一个应用模块，它可以将产品中的各个零件模块快速组合起来，从而形成产品的总体机构。装配过程其实就是在装配中建立部件之间的链接关系，即通过关联条件在部件间建立约束关系，以确定部件在产品中的位置。

§6.1 装配的特点及装配术语

§6.1.1 装配的特点

（1）装配时通过链接几何体而不是复制几何体，因此所需内存少，装配文件小。多个不同的装配可以共同使用多个相同的部件。

（2）既可以使用自底向上，又可以使用自顶向下的方法创建装配。

（3）可以同时打开和编辑多个部件，并且可以在装配的上下文中打开和编辑组件几何体。

（4）可简化装配的图形表示而无须编辑底层几何体。

（5）装配将自动更新以反映引用部件的最新版本。

（6）通过装配约束可以指定组件间的约束关系来在装配中定位它们。

（7）装配导航器提供装配结构的图形显示，可以选择和操控组件以用于其他功能。

（8）可将装配用于其他应用模块，尤其是制图和加工。

§6.1.2　装配术语及定义

在装配中用到的术语很多，表 6.1 罗列了在装配过程中经常用到的一些术语及定义。

表 6.1　装配术语及定义

装配术语	定　　义
装配部件	是指由零件和子装配构成的部件。在 UG 中可以向任何一个 prt 文件中添加部件构成装配，因此任何一个 prt 文件都可以作为装配部件。在 UG 装配学习中，零件和部件不必严格区分。需要注意的是，当存储一个装配时，各部件的实际几何数据并不是存储在装配部件文件中，而存储在相应的部件或零件文件中
子装配	是指在高一级装配中被用作组件的装配，子装配也拥有自己的组件。子装配是一个相对概念，任何一个装配部件可在更高级装配中用作子装配
组件部件	是指装配中的组件指向的部件文件或零件，即装配部件链接到部件主模型的指针实体
组件	是指按特定位置和方向使用在装配中的部件。组件可以是由其他较低级别的组件组成的子装配。装配中的每个组件仅包含一个指向其主几何体的指针。在修改组件的几何体时，会话中使用相同主几何体的所有其他组件将自动更新
主模型	是指供 UG 模块共同引用的部件模型。同一主模型，可同时被工程图、装配、加工、机构分析和有限元分析等模块引用，当主模型修改时，相关应用自动更新
自顶向下装配	是指在上下文中进行装配，即在装配部件的顶级向下产生子装配和零件的装配方法。先在装配结构树的顶部生成一个装配，然后下移一层，生成子装配和组件
自底向上装配	自底向上装配是先创建部件的几何模型，再组合成子装配，最后生成装配部件的装配方法
混合装配	是将自顶向下装配和自底向上装配结合在一起的装配方法

§6.1.3　创建装配体

1. 创建装配体的方法

根据装配体与零件之间的引用关系，可以有 3 种创建装配体的方法，即【自底向上装配】、【自顶向下装配】和【混合装配】。

1）自底向上装配

先设计单个零部件，在此基础上进行装配生成总体设计。所创建的装配体将按照组件、子装配和总装配的顺序进行排列，并利用关联约束条件进行逐级装配，从而形成装配模型。大多数日常工作中，都是以零件图纸或者已经有的数据，进行总装而已，所以，自底向上装配指的是先零件建模，然后到总装配体里装配零件。其优点是直接精准装配，简单、快速。

2）自顶向下装配

首先设计完成装配体，并在装配体中创建零部件模型，然后再将其子装配模型或单个可以直接用于加工的零件模型另外存储。自顶向下装配，通常在纯设计、新产品开发、机械设计等方面用得比较多。自顶向下装配，指的是先建装配图，然后在总装配图里建模零件图。其优点是边设计、边修改、边装配。

3）混合装配

将【自底向上装配】和【自顶向下装配】结合在一起的装配方法。

2. 创建装配体

在装配前先切换至装配模式。切换装配模式有两种方法：一种是直接新建装配；另一种是在打开的部件中新建装配，下面分别介绍。

1）直接新建装配

启动 UG NX 12.0，在欢迎界面窗口中【标准】选项卡上单击【新建】按钮，弹出【文件新建】对话框，如图 6.1 所示。点击【装配】，用户可通过此对话框为新建立的模型文件重命名，或重设文件保存路径，单击【确定】按钮，即可进入 UG NX 12 的装配环境界面。

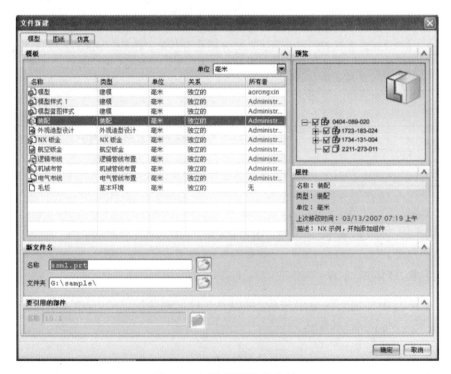

图 6.1　创建装配体的方法

2）在打开的部件中新建装配

在打开的模型文件环境即建模环境条件下，在工作窗口中的主菜单工具栏单击图标，并在下拉菜单中选择【装配】命令，系统自动切换到装配模式。

§6.1.4　常用装配命令

1. 装配工具条

在装配模式下，在视图窗口会出现【装配】工具条，如图 6.2 所示。

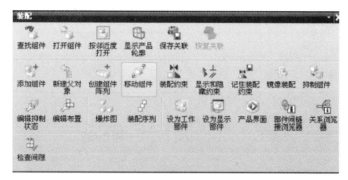

图 6.2　【装配】工具条

2. 装配常用工具命令

【装配】选项卡命令繁多，常用工具命令如表 6.2 所示。

表 6.2　【装配】选项卡常用工具命令一览表

面板	按钮	命令	功能含义
组件		添加	通过选择已加载的部件或从磁盘选择部件，将组件添加到装配中
		新建	通过选择几何体并将其保存为组件，在装配中新建组件
		新建父对象	新建当前显示部件的父部件
		阵列组件	将一个组件复制到指定的阵列中
		镜像装配	创建整个装配或选定组件的镜像版本（副本）
组件位置		移动组件	移动装配中的组件
		装配约束	通过指定约束关系，相对装配中的其他组件重定位组件
		显示和隐藏约束	显示和隐藏约束及使用其关系的组件
		记住约束	记住部件中的装配约束，以供在其他组件中重复使用
		显示自由度	显示组件的自由度
爆炸图		新建爆炸	在工作视图中新建爆炸，可在其中重定位组件以生成爆炸
		编辑爆炸	重定位当前爆炸中选定的组件

面板	按钮	命令	功能含义
爆炸图		自动爆炸组件	基于组件的装配约束重定位当前爆炸中的组件
		取消爆炸组件	将组件恢复到原先的未爆炸位置
		删除爆炸	删除未显示在任何视图中的装配爆炸
		工作视图爆炸	定义要显示在工作视图中的爆炸
常规		关系浏览器	提供有关部件间链接的图形信息
		产品接口	定义其他部件可以引用的几何体和表达式、设置引用规则，并列出引用工作部件的部件
		WAVE 几何链接器	将几何体从装配中的其他部件复制到工作部件
		布置	创建和编辑装配布置，定义备选组件位置
		序列	打开"装配序列"任务环境以控制组件装配或拆卸的顺序，并仿真组件运动

§6.2　装配导航器

§6.2.1　装配导航器介绍

　　装配导航器是一个可视的装配操作环境，将装配结构用树形结构表示出来，显示了装配结构树及节点信息。可以直接在装配导航器上进行各种装配操作。

　　装配导航器是装配的组件间关系的一个树形结构，能够清晰地看到组件组成，以及可以控制各个部件在组件里的参数显示。装配导航右键点选任意一个部件，可以通过显示为当前零件从而单独修改该零件和单独出工程图。例如，用户可以在装配导航器中改变显示部件和工作部件、隐藏和显示组件。下面介绍装配导航器的功能及操作方法。

　　打开装配导航器，装配树形结构图显示如图6.3所示。

图 6.3　装配导航器

装配导航器可以在一个单独的窗口中以图形的方式显示装配结构，并可以在该导航器中进行各种操作，以及执行装配管理功能，如选择组件以改变工作部件、改变显示部件、隐藏与显示部件、替换引用集等。

打开装配导航器：在绘图区右侧的资源工具条上单击【装配导航器】图标，或者将光标滑动到该图标上，即可打开装配导航器，如图6.3所示。装配导航器中各按钮含义如表6.3所示。

表6.3　装配导航器中按钮含义

按钮	功能含义
	表示一个装配或子装配。如果图标为黄色，则装配在工作部件中；如果图标为灰色，但有纯黑色边，则装配为非工作部件；如果图标变灰，则装配已关闭
	表示一个组件。如果图标为黄色，则组件在工作部件中；如果图标为灰色，但有纯黑色边，则组件为非工作部件；如果图标变灰，则组件已关闭
	表示链接部件
	无约束：表示部件未约束，可任意移动
	完全约束：表示部件已经完全约束，没有自由度，不能随便移动
	部分约束：表示部件部分约束，仍存在一部分自由度
	约束不一致：表示约束存在，但存在矛盾或不一致

§6.2.2　自底向上装配

"自底向上装配"是指在设计过程中，先设计单个零部件，在此基础上进行装配生成总体设计。所创建的装配体将按照组件、子装配体和总装配的顺序进行排列，并利用约束条件进行逐级装配，从而形成装配模型，如图6.4所示。

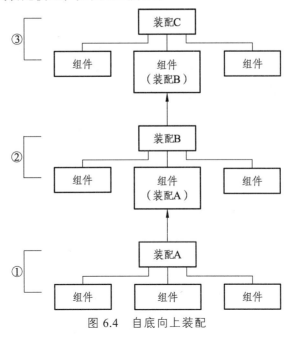

图6.4　自底向上装配

"自底向上装配"建模的基本步骤：首先单独创建单个模型，然后再将其添加到装配。具体操作如下：

（1）利用建模功能模块设计好装配体的零部件。

（2）将用于装配的零部件（组件）放置于指定的目录里，这样可以方便查找与载入。

（3）新建装配体文件，进入装配环境。

（4）使用【添加组件】命令将零部件载入装配环境中，不一定要将用于装配的组件一次性载入，可以只载入当前需要装配的部件，装配好后再载入其他组件进行装配。

（5）利用【装配约束】或【配对条件】建立各组件之间的约束。

（6）完成整个装配体，保存文件。

§6.2.3 装配约束

选择下拉菜单中的【装配】→【组件】→【装配约束】，系统弹出【装配约束】对话框，如图 6.5 所示。该对话框提供了 10 种创建装配约束的类型，如表 6.4 所示。

图 6.5 装配约束类型

表 6.4 装配装配约束一览表

约束	图标	含　　义
角度		定义两个对象间的角度尺寸
中心		使一对对象之间的一个或两个对象居中，或使一对对象沿着另一个对象居中
胶合		将组件"焊接"在一起，使它们作为刚体移动
拟合		使具有等半径的两个圆柱面合起来。此约束对确定孔中销或螺栓的位置很有用
接触对齐		约束两个组件，使它们彼此接触或对齐，是最常用的约束
同心		将两个圆或椭圆曲线/边的中心点定位到同一个点，同时使它们共面
距离		指定两个对象之间的最小 3D 距离
固定		将组件固定在当前位置上
平行		定义两个对象的方向矢量为互相平行
垂直		定义两个对象的方向矢量为互相垂直

§6.2.4 引用集

引用集为命名的对象集合，且可从另一个部件引用这些对象。例如，可以将引用集用于引用代表不同加工阶段的几何体。使用引用集可以大幅减少甚至完全消除部分装配的图形表示，而不用修改实际的装配结构或基本的几何体模型。可成为引用集成员的对象包括几何体、坐标系、平面、图样对象、部件的直系组件。

引用集控制从每个组件加载的以及在装配关联中查看的数据量。引用集策略有以下优点：加载时间更短；使用的内存更少；图形显示更整齐。

1. 默认引用集

每个零部件都有几个默认的引用集。

（1）整个部件（Entire Part）：该默认引用集表示引用部件的全部几何数据。在添加部件到装配时，如果不选择其他引用集，则默认使用该引用集。

（2）空的（Empty）：该默认引用集表示不包含任何几何对象。当部件以空的引用集形式添加到装配中时，在装配中看不到该部件。

（3）体（body）：只选择体文件。

（4）模型（modle）：建模的文件。

2. 引用集对话框

选择下拉菜单中的【格式】→【引用集】命令后，系统弹出【引用集】对话框，如图6.6所示。利用该对话框，可以进行引用集的建立、删除、更名、查看、指定引用集属性以及修改引用集的内容等操作。

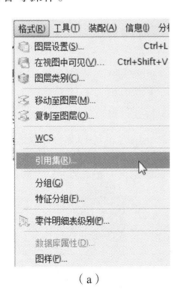

（a） （b）

图6.6 【引用集】对话框

创建【用户定义的引用集】步骤如下：

（1）选择下拉菜单中的【格式】→【引用集】命令，系统弹出【引用集】对话框。

（2）单击【新建】命令，在图形窗口中选择要放入引用集中的对象。

（3）在【引用集名称】字段中为引用集提供一个名称。

（4）完成对引用集的定义之后，单击【关闭】。

§6.2.5　添加组件

选择下拉菜单中的【装配】→【添加】命令（见图 6.7），系统弹出【添加组件】对话框。利用该对话框可以向装配环境中引入一个部件作为装配组件。相应地这种创建装配模型的方法即是前面所说的【自底向上装配】方法。点击【添加组件】，则弹出图 6.8 所示的对话框。

图 6.7　装配菜单

图 6.8　【添加组件】对话框

在打开的对话框中，对第一个装配的组件的定位选择【绝对坐标系-显示部件】，然后在工具栏中选择【装配约束】→【固定】约束，后续装配的组件则选择为【通过约束】。

单击【添加组件】按钮，添加第二个组件，其定位选择【通过约束】，约束选择【同心】，确定两个圆同心后，确定即可。

确定后，发现螺纹孔没有配合在一起，所以此时要选择【装配约束】中的【距离】约束来进行约束。

§6.2.6　编辑组件

组件添加到装配以后，可对其进行抑制、阵列、镜像和移动等编辑操作。通过上述方法来实现编辑装配结构、快速生成多个组件等功能。下面主要介绍常用的几种编辑组件方法。

1. 抑制组件

该选项是用于从视图显示中移除组件或子装配，以方便装配。

执行【装配】→【组件】→【抑制组件】命令（或单击装配工工具栏【抑制组件】按钮），弹出【类选择】对话框。选择需要抑制的组件或子装配，单击【确定】按钮，即可将选中的组件或子装配从视图中移除。

2. 组件阵列

在装配中，组件阵列是一种对应装配约束条件快速生成多个组件的方法。执行【装配】→【组件】→【创建阵列】命令（或单击装配工具栏【创建阵列】按钮），弹出【类选择】对话框。选择需阵列的组件，单击【确定】后，会弹出【创建组件阵列】对话框，如图 6.9~图 6.11 所示。

图 6.9　【创建组件阵列】对话框　　图 6.10　【创建线性阵列】对话框　　图 6.11　【创建圆形阵列】对话框

3. 镜像装配

在装配过程中，如果窗口有多个相同的组件，可通过镜像装配的形式创建新组件。执行【装配】→【组件】→【镜像装配】命令（或单击装配工具栏【镜像装配】按钮），弹出【镜像装配向导】对话框，如图 6.12 所示。

图 6.12 【镜像装配向导】对话框

4. 移动组件

在装配过程中，如果之前的约束关系并不是当前所需的，可对组件进行移动。重新定位包括点到点、平移、绕点旋转等多种方式。执行【装配】→【组件】→【移动组件】命令（或单击装配工具栏【移动组件】按钮），弹出【移动组件】提醒对话框，如图 6.13 所示。单击【确定】按钮，进入【移动组件】对话框，如图 6.14 所示。点击鼠标左键拖动手柄，可以移动组件，效果如图 6.15 所示。除了"动态"外，还可以根据角度、距离等方法移动组件。

图 6.13 【移动组件】提醒对话框

图 6.14 【移动组件】对话框

（a）显示动态手柄

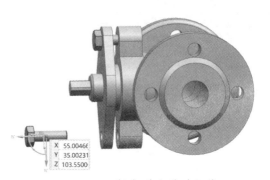

（b）动态移动组件

图 6.15 移动组件后的效果

§6.3 WAVE 几何链接器

WAVE 几何链接器提供在工作部件中建立相关或不相关的几何体。如果建立相关的几何体，它必须被链接在同一装配中的其他部件上。链接的几何体相关到它的父几何体，改变父几何体会引起在所有其他部件中链接的几何体自动更新。

单击装配工具栏中的【WAVE 几何链接器】按钮，进入【WAVE 几何链接器】对话框。在该对话框【类型】下拉列表框中，系统提供了 9 种链接的几何体类型，如表 6.5 所示。

表 6.5　链接的几何体类型一览表

几何体类型	含　　义
复合曲线	用于从装配体中另一部件链接一曲线或线串到工作部件。选择该选项，并选择需要链接的曲线后，单击【确定】按钮即可将选中的曲线链接到当前工作部件
点	用于链接在装配体中另一部件中建立的点或直线到工作部件
基准	用于从装配体中另一部件链接一基准特征到工作部件
草图	用于从装配体中另一部件链接一草图到工作部件
面	用于从装配体中另一部件链接一个或多个表面到工作部件
面区域	用于在同一配件中的部件间创建链接区域（相邻的多个表面）
体	用于链接一实体到工作部件
镜像体	用于将当前装配体中的一个部件的特征相对于指定平面的镜像体链接到工作部件。在操作时，需要先选择特征，再选择镜像平面
管线布置对象	用于从装配体中另一部件链接一个或多个管道对象到工作部件

例：利用已有部件，如图 6.16（a）所示的"箱体.prt"，创建一个箱盖。具体操作步骤如下：

点击菜单装配中的【新建】按钮，弹出【新组件文件】对话框，如图 6.16（b）所示。双击"装配导航器"中的"盖子"，编辑盖子，点击【WAVE 几何链接器】，在弹出的对话框中选择"面"，框选箱体的上表面，如图 6.17 所示。

（a）箱体

（b）【新组件文件】对话框

图 6.16　装配中新建零件图"盖子"

图 6.17　WAVE 几何链接器中选择"面"

点击【拉伸】命令，选择通过 WAVE 几何链接器抽取的草图，拉伸出如图 6.18 所示的箱盖。

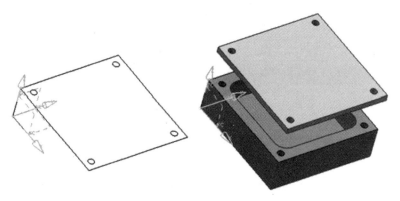

图 6.18　拉伸出箱盖

§6.4　装配爆炸图

装配爆炸图是指在装配环境下，将装配体中的组件拆分开来，目的是更好地显示整个装配的组成情况。同时可以通过对视图的创建和编辑，将组件按照装配关系偏离原来的位置，以便观察产品内部结构以及组件的装配顺序。完成装配爆炸图的流程如图 6.19 所示。

1. 爆炸图的特点

爆炸图同其他用户定义视图一样，各个装配组件或子装配已经从它们的装配位置移走。用户可以在任何视图中显示爆炸图形，并对其进行各种操作。爆炸图有如下特点：

（1）可对爆炸视图组件进行编辑操作。

（2）对爆炸图组件操作影响非爆炸图组件。

（3）爆炸图可随时在任一视图显示或不显示。

（4）选择菜单栏【装配】→【爆炸图】→【显示工具条】命令（或单击装配工具条【爆炸图】按钮），弹出爆炸图工具栏，如图 6.20 所示。

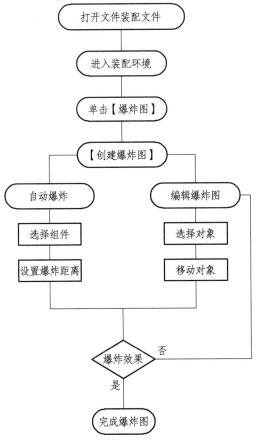

图 6.19　完成装配爆炸图的流程

图 6.20　爆炸图工具栏

2. 新建爆炸图

要查看装配体内部结构特征及其之间的相互装配关系，需要创建爆炸视图。通常创建爆炸视图的方法是，执行【装配】→【爆炸图】→【新建爆炸图】命令（或单击【爆炸图】工具栏【新建爆炸图】按钮），弹出【新建爆炸】对话框，如图 6.21 所示。

图 6.21　【新建爆炸】对话框

3. 编辑爆炸图

在完成爆炸视图后，可以直接编辑爆炸图，如果没有达到理想的爆炸效果，也可以对爆炸图进行编辑。执行【装配】→【爆炸图】→【编辑爆炸图】命令（或单击【爆炸图】工具栏【编辑爆炸图】按钮），弹出【编辑爆炸】对话框，如图 6.22 所示。

4. 自动爆炸组件

该选项用于按照指定的距离自动爆炸所选的组件，如图 6.23 所示。执行【装配】→【爆炸图】→【自动爆炸组件】命令（或单击【爆炸图】工具栏【自动爆炸组件】按钮），弹出【类选择】对话框。选择需要爆炸的组件，单击【确定】按钮，弹出【自动爆炸组件】对话框，如图 6.24（a）所示。在该对话框【距离】文本框输入偏置距离，单击【确定】按钮，将所选的对象按指定的偏置距离移动，如图 6.24（b）所示。如果勾选【添加间隙】选项，则在爆炸组件时，各个组件根据被选择的先后顺序移动，相邻两个组件在移动方向上以【距离】文本框输入的偏置距离隔开。

图 6.22　【编辑爆炸】对话框

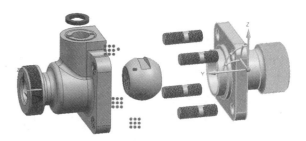

图 6.23　移动对象

（a）

（b）

图 6.24　【自动爆炸组件】对话框及自动爆炸组件

5. 取消爆炸组件

该选项用于取消已爆炸的视图。执行【装配】→【爆炸图】→【取消爆炸组件】命令（或单击【爆炸图】工具栏【取消爆炸组件】按钮），弹出【类选择】对话框。选择需要取消爆炸的组件，单击【确定】按钮即可将选中的组件恢复到爆炸前的位置。

6. 删除爆炸图

该选项用于删除爆炸视图。当不需要显示装配体的爆炸效果时，可执行【删除爆炸图】操作将其删除。通常删除爆炸图的方式：单击【爆炸图】工具栏中【删除爆炸图】按钮，或者执行【装配】→【爆炸图】→【删除爆炸图】命令，进入【爆炸图】对话框。系统在该对话框列出了所有爆炸图的名称，用户只需选择需要删除的爆炸图名称，单击【确定】按钮即可将选中的爆炸图删除。

7. 切换爆炸图

在装配过程中，尤其是已创建了多个爆炸视图，当需要在多个爆炸视图间进行切换时，可利用【爆炸图】工具栏中的列表框按钮，进行爆炸图的切换。只需单击该按钮，打开下拉列表框，如图 6.25 所示，在其中选择爆炸图名称，即可进行爆炸图的切换操作。

图 6.25　切换爆炸图对话框

§6.5　装配项目案例

完成如图 6.26 所示的虎钳体的装配、爆炸图。

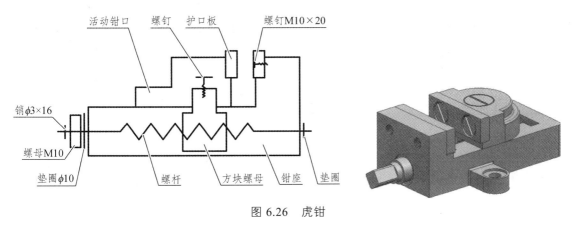

图 6.26　虎钳

1. 知识点

（1）添加组件；

（2）添加装配约束；

（3）创建和使用子装配；

（4）创建装配爆炸图。

2. 实例文件

钳座.prt、方块螺母.prt、螺杆.prt、垫圈.prt、螺母.prt、销.prt、活动钳口.prt、螺钉.prt、护口板.prt、螺钉.prt。

§6.5.1 虎钳装配流程

1. 钳座子装配体流程

钳座子装配体流程如图 6.27 所示。

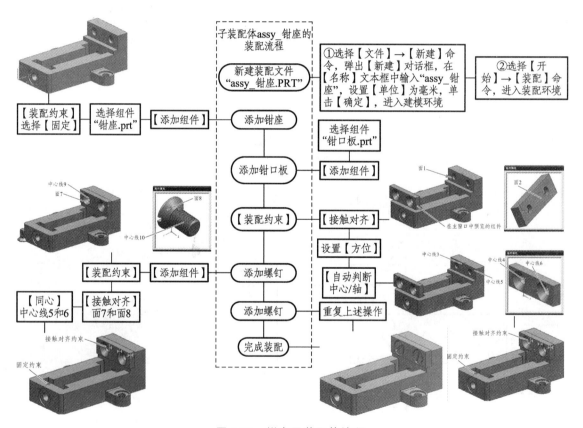

图 6.27　钳座子装配体流程

2. 虎钳装配流程

虎钳装配流程如图 6.28 所示。

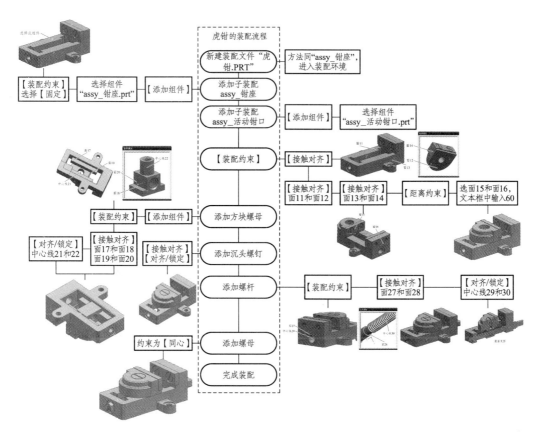

图 6.28　虎钳装配流程

§6.5.2　虎钳装配步骤

分析现有组件，确立装配的步骤：首先将钳座和钳口板用螺钉装配在一起，作为子装配体 assy_钳座；同样，将活动钳口和钳口板用螺钉装配在一起，作为子装配体 assy_活动虎钳；之后，在子装配体 assy_钳座的基础上，再装配子装配体 assy_活动钳口、方螺母、螺杆和沉头螺钉等其他部件。

1. 子装配体 assy_钳座的装配

（1）新建一个部件文件。

① 选择【文件】→【新建】命令，弹出【新建】对话框，在【名称】文本框中输入"assy_钳座"，设置【单位】为"毫米"，单击【确定】，进入建模环境。

② 选择【开始】→【装配】命令，进入装配环境。

（2）添加钳座。

① 单击装配工具条上的【添加组件】图标 ，弹出【添加组件】对话框。

② 单击【打开】图标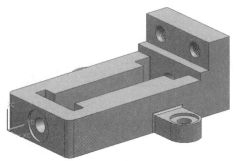，选择组件"钳座.prt"，单击【OK】，弹出【添加组件】对话框，并出现【组件预览】窗口。

③ 在【添加组件】对话框中，设置【定位】为【绝对原点】、【Reference Set】为【整个部件】、【图层选项】为【原先的】，单击【确定】，结果如图 6.29 所示。

图 6.29　添加钳座

④ 单击装配工具条上的【装配约束】图标，弹出【装配约束】对话框。在【类型】下拉选项中选择【固定】，选择钳座，单击【确定】，完成钳座的固定。

注意：固定约束将组件固定在当前位置。要确保组件停留在适当位置且根据其约束其他组件时，此约束很有用。

（3）添加钳口板。

① 单击装配工具条上的【添加组件】图标，弹出【添加组件】对话框。

② 单击【打开】图标，选择组件"钳口板.prt"，设置【定位】为【通过约束】、【Reference Set】为【模型】、【图层选项】为【原先的】，单击【确定】，弹出【装配约束】对话框，如图 6.30 所示。

图 6.30　【装配约束】对话框

③ 在【预览】选项区域中选择【预览窗口】和【在主窗口中预览组件】两个选项。在【类型】下拉选项中选择【接触对齐】，依次选择图 6.31 中的面 1 和面 2，完成第一组装配约束。

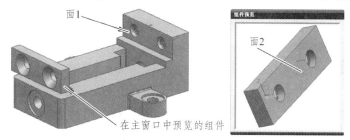

图 6.31 选择接触面

④ 保持类型不变，设置【方位】为【自动判断中心/轴】，依次选择图 6.32 中的中心线 3 和中心线 4，完成第二组装配约束。

⑤ 依次选择图 6.32 中的中心线 5 和中心线 6。单击【确定】，钳口板被完全固定，结果如图 6.33 所示。

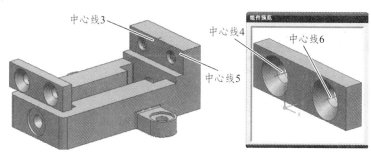

图 6.32 选择中心线

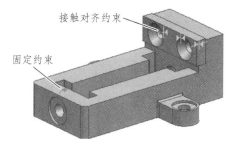

图 6.33 装配钳口板

注意：为保持视图清晰和便于选择，在后面的图中，已将图形窗口中的约束标记隐藏。

（4）添加螺钉。

① 单击装配工具条上的【添加组件】图标，弹出【添加组件】对话框。

② 单击【打开】图标，选择组件"螺钉"，设置【定位】为【通过约束】、【Reference Set】为【模型】、【图层选项】为【原先的】，单击【确定】，弹出【装配约束】对话框。

③ 在【类型】下拉选项中选择【接触对齐】，依次选择图 6.34 中的面 7 和面 8，完成第一组装配约束。

④ 保持【类型】不变，设置【方位】为【自动判断中心/轴】，依次选择图 6.34 中的中心线 9 和中心线 10，完成第二组装配约束。

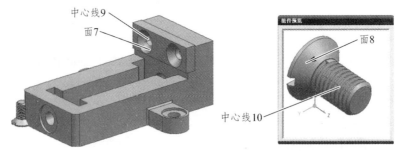

图 6.34　选择接触面和对称中心线

注意：若在装配过程中，装配约束标记变为红色，同时装配导航器中也出现图标🔅，则表示此时的约束有矛盾。可以单击【装配约束】对话框中的【反向上一个约束】图标⊠。

⑤ 单击【确定】，完成第一个螺钉的装配，结果如图 6.35 所示。

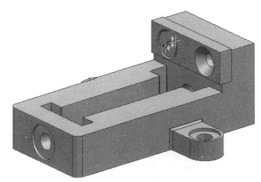

图 6.35　装配第一个螺钉

⑥ 重复上述操作，可完成第二个螺钉的装配。子装配"assy_钳座"的最终模型如图 6.36 所示。

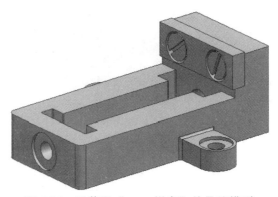

图 6.36　子装配"assy_钳座"的最终模型

2. 子装配体"assy_活动钳口"的装配

新建文件"assy_活动钳口.prt"。仿照"添加钳座"的操作步骤，将"活动钳口.prt"添加到子装配体中；仿照"添加钳口板"的操作步骤，将钳口板添加到子装配体中；仿照"添加螺钉"的操作步骤，将螺钉添加到子装配体中。保存操作，结果如图 6.37 所示。

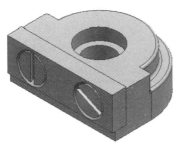

图 6.37　子装配"assy_活动钳口"的最终模型

3. 其他组件的装配

（1）新建一个部件文件。

① 选择【文件】→【新建】命令，弹出【新建】对话框，在【名称】文本框中输入"assy_虎钳"，设置【单位】为"毫米"，单击【确定】，进入建模环境。

② 选择【开始】→【装配】命令，进入装配环境。

（2）添加子装配"assy_钳座"。

① 单击装配工具条上的【添加组件】图标 ，弹出【添加组件】对话框。

② 单击【打开】图标 ，选择组件"assy_钳座.prt"，单击【OK】，弹出【添加组件】对话框，并出现【组件预览】窗口。

③ 在【添加组件】对话框中，设置【定位】为【绝对原点】、【Reference Set】为【模型】、【图层选项】为【原先的】，单击【确定】，结果如图 6.38 所示。

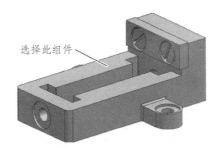

选择此组件

图 6.38　添加钳座子装配

④ 单击装配工具条上的【装配约束】图标 ，弹出【装配约束】对话框。在【类型】下拉选项中选择【固定】，选择图 6.38 所示的钳座，单击【确定】，完成钳座的固定。

（3）添加子装配"assy_活动钳口"。

① 单击装配工具条上的【添加组件】图标 ，弹出【添加组件】对话框。

② 单击【打开】图标 ，选择组件"assy_活动钳口.prt"，设置【定位】为【通过约束】、【Reference Set】为【模型】、【图层选项】为【原先的】，单击【确定】，弹出【装配约束】对话框。

③ 在【类型】下拉选项中选择【接触对齐】，依次选择图 6.39 中的面 11 和面 12，完成第一组装配约束。

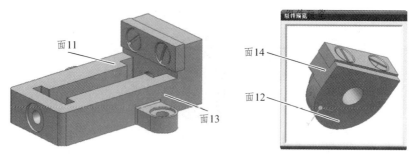

图 6.379　选择接触面和对齐面

④ 保持【类型】不变，设置【方位】为【对齐】，依次选择图 6.39 中的面 13 和面 14，完成第二组装配约束，如图 6.40 所示。

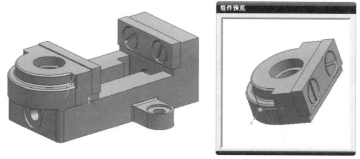

图 6.40　添加活动钳口子装配体

⑤ 在【类型】下拉选项中选择【距离】，依次选择图 6.41 中的面 15 和面 16，并在【距离】文本框中输入 60，按 Enter 键，完成第三组装配约束。

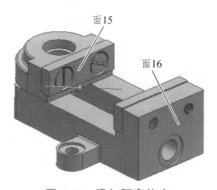

图 6.41　添加距离约束

⑥ 单击【确定】，完成活动钳口子装配体的添加，结果如图 6.42 所示。

（4）添加方块螺母。

① 单击装配工具条上的【添加组件】图标，弹出【添加组件】对话框。

② 单击【打开】图标，选择组件"方块螺母"，设置【定位】为【通过约束】、【Reference Set】为【模型】、【图层选项】为【原先的】，单击【确定】，弹出【装配约束】对话框。

③ 在【类型】下拉选项中选择【接触对齐】，依次选择图 6.43 中的面 17 和面 18，完成第一组装配约束。

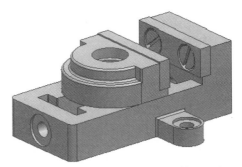

图 6.42　完成活动钳口子装配体的添加

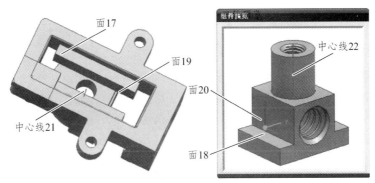

图 6.43　选择接触面和中心线

④ 再依次选择图 6.43 中的面 19 和面 20，完成第二组装配约束。

⑤ 保持【类型】不变，设置【方位】为【自动判断中心/轴】，依次选择图 6.43 中的中心线 21 和中心线 22，完成第三组装配约束。

⑥ 单击【确定】，完成方块螺母的装配，结果如图 6.44 所示。

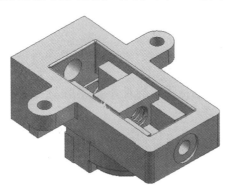

图 6.44　完成方块螺母的装配

（5）添加沉头螺钉。

① 单击装配工具条上的【添加组件】图标 ，弹出【添加组件】对话框。

② 单击【打开】图标 ，选择组件"沉头螺钉"，设置【定位】为【通过约束】、【Reference Set】为【模型】、【图层选项】为【原先的】，单击【确定】，弹出【装配约束】对话框。

③ 在【类型】下拉选项中选择【接触对齐】，依次选择图 6.45 中的面 23 和面 24，完成第一组装配约束。

④ 保持【类型】不变，设置【方位】为【自动判断中心/轴】，依次选择图 6.45 中的中心线 25 和中心线 26，完成第二组装配约束。

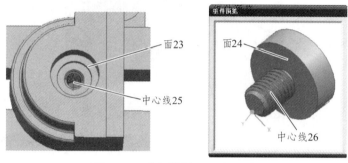

图 6.45　选择接触面和中心线

⑤ 单击【确定】，完成沉头螺钉的装配，结果如图 6.46 所示。

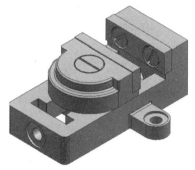

图 6.46　完成沉头螺钉的装配

（6）添加螺杆。

① 单击装配工具条上的【添加组件】图标，弹出【添加组件】对话框。

② 单击【打开】图标，选择组件"螺杆"，设置【定位】为【通过约束】、【Reference Set】为【模型】、【图层选项】为【原先的】，单击【确定】，弹出【装配约束】对话框。

③ 在【类型】下拉选项中选择【接触对齐】，依次选择图 6.47 中的面 27 和面 28，完成第一组装配约束。

④ 保持【类型】不变，设置【方位】为【自动判断中心/轴】，依次选择图 6.47 中的中心线 29 和中心线 30，完成第二组装配约束。

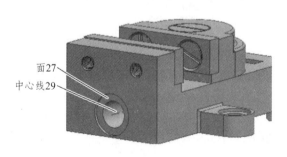
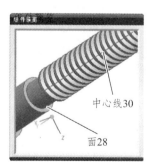

图 6.47　选择接触面和中心线

⑤ 单击【确定】，完成螺杆的装配，结果如图 6.48 所示。

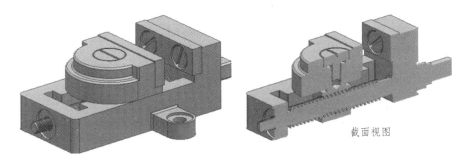

截面视图

图 6.48　完成螺杆的装配

（7）添加螺母。

① 单击装配工具条上的【添加组件】图标，弹出【添加组件】对话框。

② 单击【打开】图标，选择组件"螺杆"，设置【定位】为【通过约束】、【Reference Set】为【模型】、【图层选项】为【原先的】，单击【确定】，弹出【装配约束】对话框。

③ 在【类型】下拉选项中选择【接触对齐】，依次选择图 6.49 中的面 31 和面 32，完成第一组装配约束。

④ 保持【类型】不变，设置【方位】为【自动判断中心/轴】，依次选择图 6.49 中的中心线 33 和中心线 34，完成第二组装配约束。

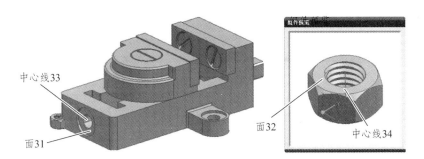

中心线33

面31

组件预览

面32

中心线34

图 6.49　选择接触面和中心线

⑤ 单击【确定】，完成螺母的装配。虎钳最终的装配模型如图 6.50 所示。

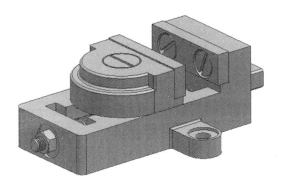

图 6.50　虎钳最终装配模型

§6.5.3　虎钳爆炸图

（1）单击装配工具条上的【爆炸图】图标，弹出【爆炸图】工具条，如图 6.51 所示。

图 6.51　【爆炸图】工具条

（2）单击【爆炸图】工具条上的【创建爆炸图】图标 ，弹出【创建爆炸图】对话框，默认的爆炸视图文件名为"Explosion 1"，如图 6.52 所示。单击【确定】，此时【爆炸图】工具条上的所有图标都处于激活状态，如图 6.53 所示。

图 6.52　【创建爆炸图】对话框

图 6.53　【爆炸图】工具条

注意：单击【创建爆炸图】图标 前，应确保爆炸视图下拉列表框中为 （无爆炸），否则系统会提示所创建的爆炸视图已存在。如果视图已有一个爆炸视图，可以使用现有分解作为起始位置创建新的分解，这对定义一系列爆炸图来显示一个被移动的组件很有用。

（3）单击【爆炸图】工具条上的【自动爆炸组件】图标 ，弹出【类选择】对话框，选择需要爆炸的组件，单击【确定】，弹出【爆炸距离】对话框，如图 6.54 所示。

图 6.54　【爆炸距离】对话框

注意：【自动爆炸组件】只能爆炸具有关联条件的组件，对于没有关联条件的组件，不能使用该爆炸方式。

（4）输入【距离】为150，单击【确定】，虎钳爆炸后效果如图6.55所示。

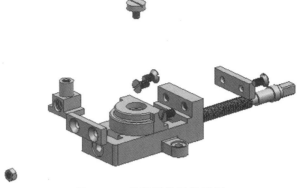

图 6.55　虎钳爆炸后效果图

（5）单击图中"Explosion 1"右侧的下拉箭头 ![箭头]，如图 6.56 所示。在弹出的下拉菜单中选择【（无爆炸）】，即可取消爆炸视图的显示。若一个装配文件中存在多个爆炸视图，也可以通过这种方式查看所需的爆炸视图。

图 6.56　选择视图

§6.6　重用库的调用

重用库可以调取国标中的标准件，另外，用户还可以自己制作零件，把部分系列件、变型件做进重用库，这样不用每次都绘制零件，直接调取模型就可以。使用重用库导航器以访问可重用对象，并将其插入模型中。这些对象包括：行业标准部件和部件族，NX 机械部件族，Product Template Studio 模板部件，管线布置组件，用户定义特征，规律曲线、形状和轮廓，2D 截面，制图定制符号；重用库还支持知识型部件族和模板。将可重用对象添加到模型中时，打开的对话框取决于对象的类型。例如，如果从重用库导航器添加知识型部件或部件族，则打开添加可重用组件对话框。

从重用库里调用出来的零件，使用时要注意，先将它们选中后保存，然后在【文件】→【打开】→【装配首选项】中，将"从文件夹"改为"按照保存的"即可，下次就能打开使用。

标准库的文件都是英文的，如果想要显示中文，可以手动完成。鼠标点击右键，选择【打开源文件】，在打开的对话框中，将文件夹改为相应的中文重启 UG 软件即可。

1. 重用库导航器概述

重用库导航器是一个 NX 资源工具，类似于装配导航器或部件导航器，以分层树结构显示可重用对象，如图 6.57 所示。各面板的含义如表 6.6 所示。

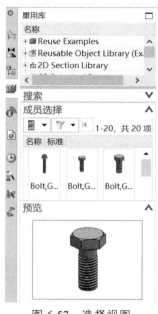

图 6.57　选择视图

表 6.6　面板内容及定义

面板内容	含　　义
主面板	显示库容器、文件夹及其包含的子文件夹
搜索面板	用于搜索对象、文件夹和库容器
成员选择面板	显示所选文件夹中的对象和子文件夹，并在执行搜索时显示搜索结果
预览面板	显示成员选择面板中所选对象的已保存预览

2. 打开重用库

NX 这些重用库都是要以装配形式调用定位的，所以先打开一个装配文件，从导航器中点开重用库。

3. 选择国标

重用库里面包含很多内容，比如 GB Standard Parts，包括 Bearing（轴承）、Bolt（螺栓、螺钉）、Nut（螺母）、Pin（销）、Profile（型材）等，如图 6.58（a）所示。

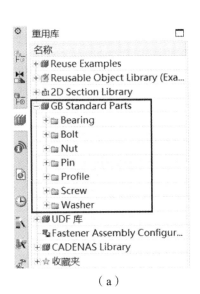

（a）

（b）

图 6.58　【重用库】对话框

比如要插入一个 GB-T6170_F-2000，M12×1.75×5 的螺母，则打开 Nut，选择 Hex，在【成员选择】中可以看到 Nut，GB-T6170_F-2000，双击图 6.58（b）预览到的零件图，会弹出对话框，如图 6.59（a）所示，选择大小为 M12 的螺母，点击【确定】，则调出图 6.59（b）所示的螺母。

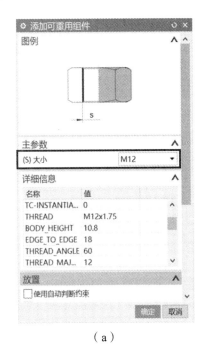

（a）

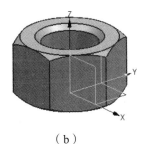

（b）

图 6.59　选择 M12 的螺母对话框

从重用库中，找到想要使用的标准件，双击它即会调入装配件中，利用约束移动，即可将其装配到相应的位置。

§6.7　装配习题

（1）"自底向上装配"和"自顶向下装配"均应用在何种具体情况下？

（2）什么是引用集？为何要使用引用集？如何创建和编辑引用集？

（3）如何创建装配爆炸？

（4）创建虎钳装配模型。

构建如图 6.60～图 6.63 所示的虎钳三维零件模型，采用本章所学内容生成如图 6.26 所示的装配模型。

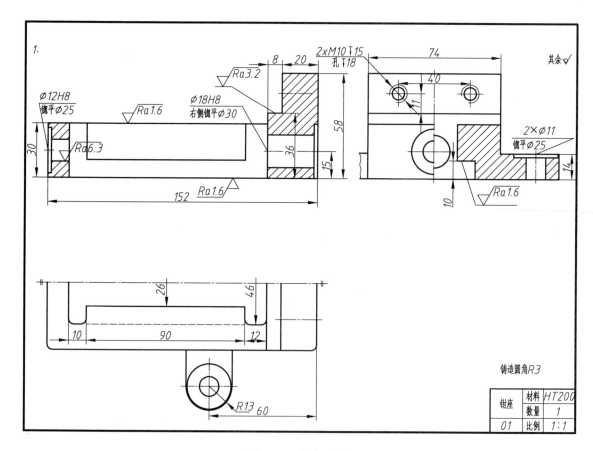

图 6.60　钳座图样

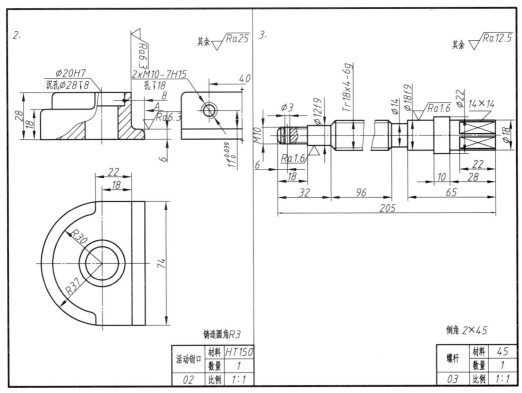

图 6.61　活动虎钳和螺杆图样

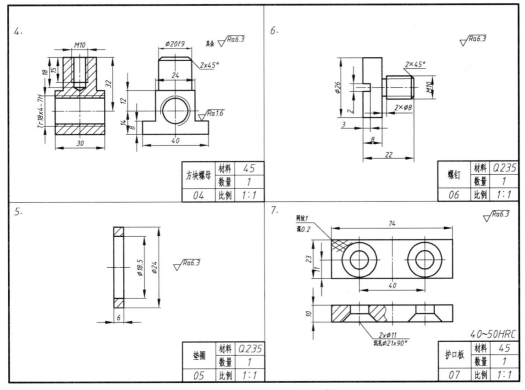

图 6.62　4～7 号零件图样

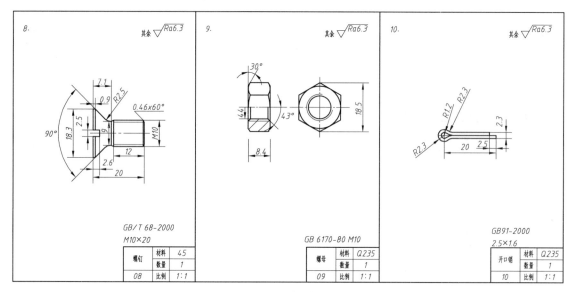

图 6.63　8～10 号标准件零件图样

（5）创建调节齿轮泵零件及装配模型。

① 功用和工作原理。

齿轮泵是一种利用一对啮合齿轮的旋转运动，以实现向系统输送压力油液的部件。齿轮泵的形式较多，其结构也相差很大，但其工作原理基本相同。如图 6.64 所示，当主动齿轮在主动轴的带动下做顺时针旋转时，则充满在啮合右边进油腔中的油液（刚启动时为空气）被一对齿轮的轮槽沿箭头方向（旋转方向）带至啮合区左边的油腔。此时啮合区右边油腔形成局部真空(负压)，油箱中的油液在大气压力的作用下通过进油管进入油腔，而被齿槽带至啮合区左边，排油腔中的油液则通过排油管被输送到系统中去，驱动工作机构工作或用于润滑。

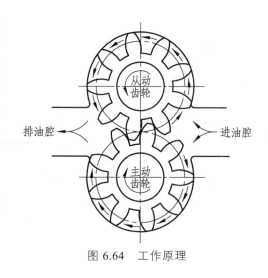

图 6.64　工作原理

② 结构。

本齿轮泵由 12 种零件组成，如图 6.65 所示。在泵体内腔中有一对啮合齿轮，主、从动齿轮均用圆锥销分别和主、从动轴相连，轴的两端分别支承于泵体和泵盖孔中，泵盖与泵体用 6 个 M6 的螺钉连接。为了防止主动轴右端轴伸出处漏油，在泵体右端采用了密封装置，由填料、填料压盖和压盖螺母三件组成。在泵体与泵盖接合处放入软钢线板制成的垫片，一是防止渗油，二是可以调整齿轮与泵体、泵盖间的轴向间隙。

各零件如图 6.66～图 6.68 所示。

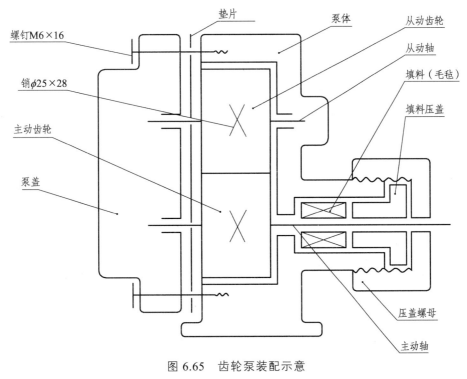

图 6.65　齿轮泵装配示意

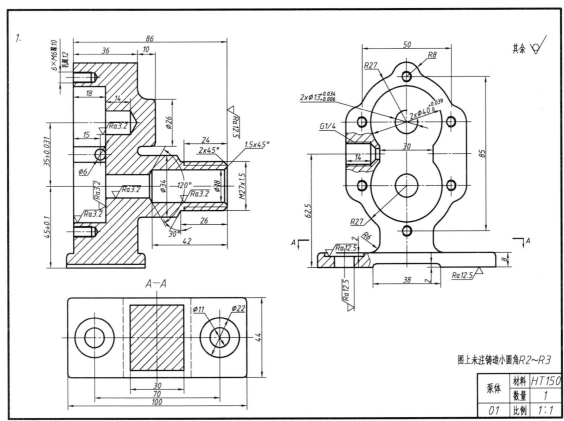

图 6.66　1 号零件图样

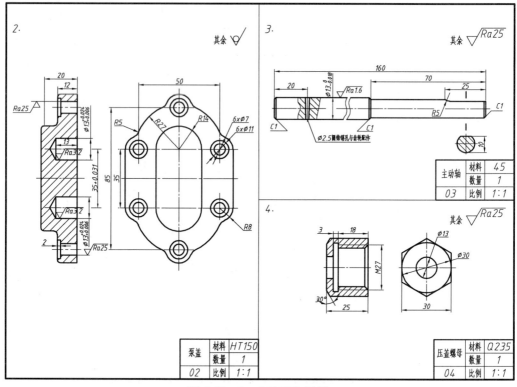

图 6.67　2～4 号零件图样

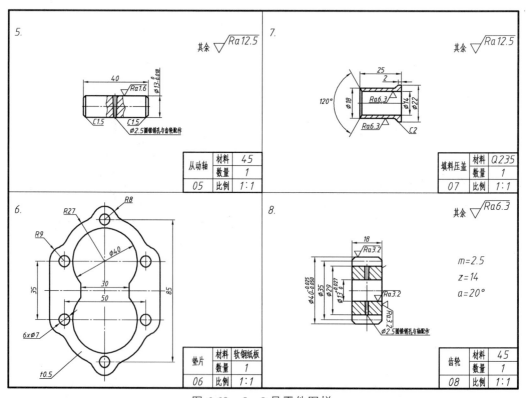

图 6.68　5～8 号零件图样

（6）创建溢流阀零件及装配模型。

溢流阀是装在油管中的安全装置，其工作原理如图 6.69（a）、（b）所示。在正常供油情况下，阀门靠弹簧的压力处于关闭位置，此时油从阀体右端流入，经阀体下方孔进入导管，如图 6.69（a）所示；当导管中的油压由于某种原因增高而超过弹簧压力时，油就顶开阀门，顺着阀体左端孔经另一导管流回溢流箱，如图 6.69（b）所示，这样就能保证管路的安全。弹簧压力靠螺杆调节，用螺母防止其松动。阀体与阀盖用 4 个双头螺柱连接，中间夹有橡胶垫片，以防止漏油。阀门两侧的小圆孔是为进入阀门内腔的油流出而设计的，阀门内腔的小螺孔（见图 6.70）是工艺孔，供拆装阀门使用。罩子用以保护螺杆。溢流阀各零件图如图 6.71 所示。

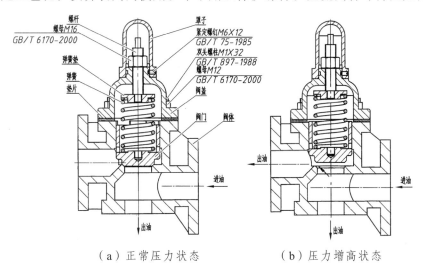

（a）正常压力状态　　　　　（b）压力增高状态

图 6.69　溢流阀工作原理

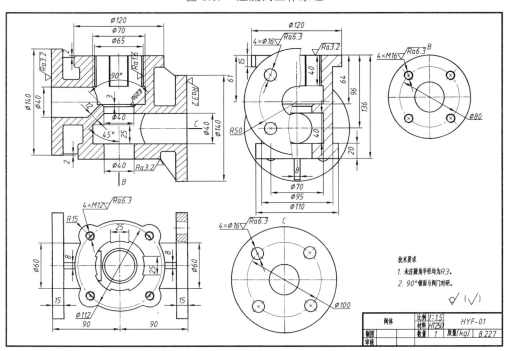

图 6.70　阀体

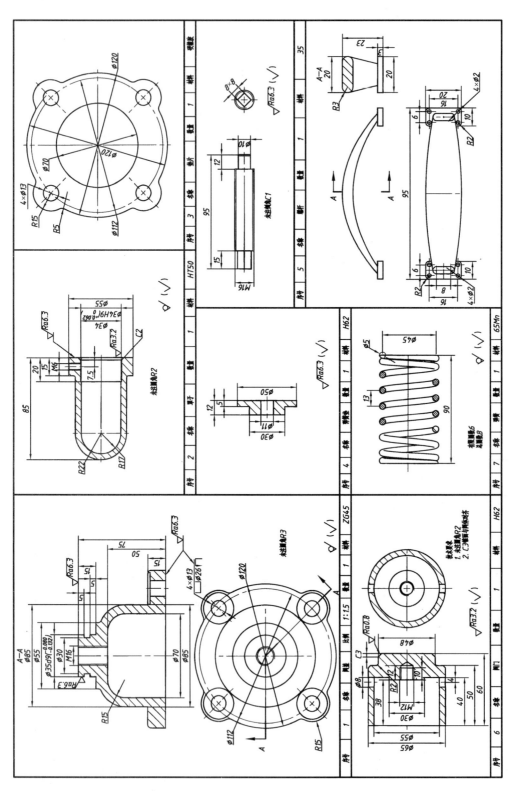

图 6.71 溢流阀各零件图

第 7 章　工程图

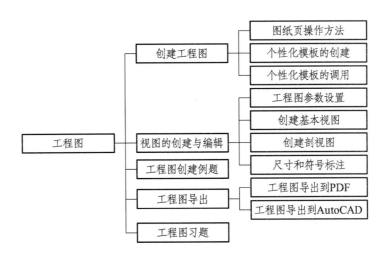

工程图是产品设计中的较为重要的环节，也是设计人员最基本的能力要求。工程图可以将产品的尺寸公差、形位公差和表面粗糙度等表达清楚。UG NX 的建模环境中创建的零件和装配体模型，可以引用到工程图模块中，通过投影快速生成二维工程图，由于 UG NX 的工程图功能是基于创建三维实体模型的投影所得到的，因此工程图与三维实体模型是完全相关的，实体模型进行的任何编辑操作，都会在三维工程图中引起相应的变化。

§7.1　创建工程图

§7.1.1　图纸页操作方法

图纸可以新建，也可以在已有的三维零件模型基础上创建。

1. 新建图纸

打开 UG NX 12.0 软件，新建一空白的模型文件，另存为模板.prt，点击【文件】→【新建】，新建一空白的图纸文件，如图 7.1 所示，点击【关系】中的全部，则会显示 UG 自带的所有图纸，如图 7.2 所示。如果选择 A2 无视图，则进入零件图图纸空间，显示 A2 模板，如图 7.3 所示。如果选择 A0 装配无视图图纸，则进入装配图图纸模板，如图 7.4 所示。

图 7.1　新建图纸

图 7.2　图纸列表

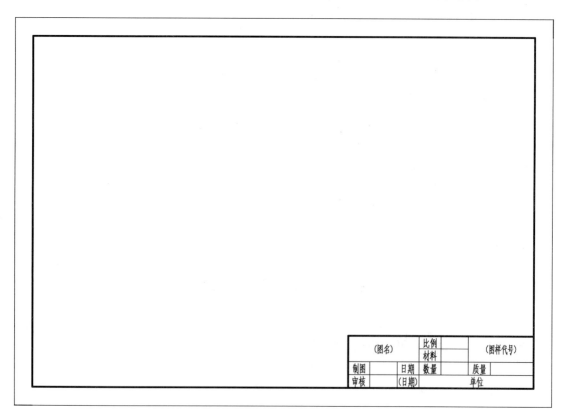

图 7.3　A2 零件图图纸模板

　　如果想要定制个性化模板，则需要进入无模板图纸空间，点击【无图纸】，则进入新建图纸模块，如图 7.5 所示，点击【新建图纸页】，则弹出图 7.6 所示的工作表。用户可以在此设置所要建立的工程图纸的大小、名称以及其他设置。在图纸页对话框，图纸的大小有三种选择：使用模板、标准尺寸、定制尺寸。

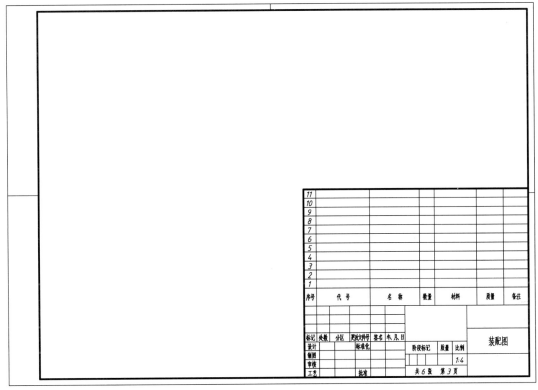

图 7.4　A0 装配图图纸模板

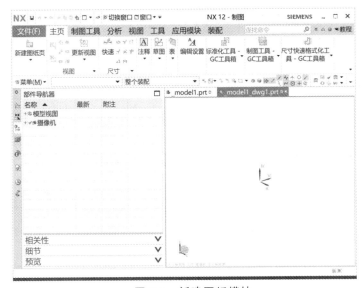

图 7.5　新建图纸模块

图 7.6　工作表

1）使用模板

选择使用模板，然后选择 A3 无视图，点击【确定】。如图 7.7 所示，新的图纸页创建成功，可以看到一张虚线框展示的 A3 图纸。此时的图纸是没有任何图框、标题栏的，需要用户定制个性化图纸。

2）标准尺寸

选择该选项，用户可以根据产品大小合理选择国家标准规定的图幅大小，系统提供了 A4、A3、A2、A1 和 A0 共 5 种型号的图纸，如图 7.8 所示。图纸幅面（GB/T 14679—2008）见表 7.1。图纸幅面是指图纸长度（L）与宽度（B）组成的图面，基本幅面有 5 种，代号 A0、A1、A2、A3、A4。

图 7.7　A3 图纸

图 7.8　工作表【标准尺寸】

表 7.1　图纸幅面　　　　　　　　　　　　　　　　　　单位：mm

幅面代号		A0	A1	A2	A3	A4
图纸幅面 $L \times B$		1 189×841	841×594	594×420	420×297	297×210
图框尺寸	e	20			10	
	c	10			5	
	a	25				

3）定制尺寸

选择该选项，用户可以通过在高度和长度文本框中直接输入值来自定义图纸大小，如图 7.9 所示。

4）【比例】下拉列表框

该选项为添加到图样中的所有视图设定比例。这里可以直接选择我国国家标准规定的一系列比例，也可以根据用户的实际需要自定义比例，如图 7.10 所示。

图 7.9　工作表【定制尺寸】

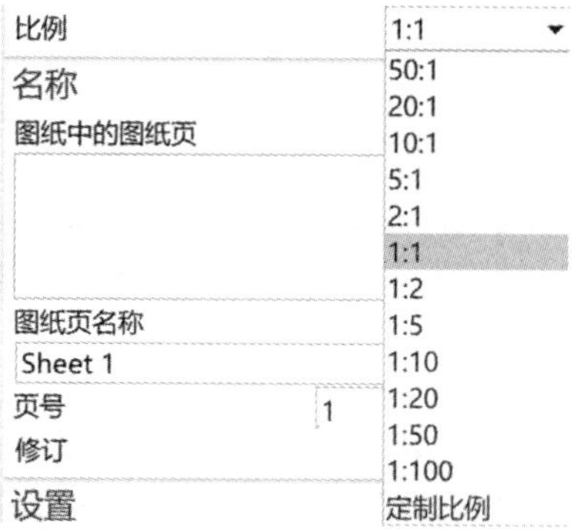

图 7.10　【比例】下拉列表框

比例是指图中图形与其实物相应要素的线性尺寸之比，即

比例＝图样上机件的线性尺寸/实际机件上相应的线性尺寸

比例分为原值、放大和缩小三种，绘图时根据需要按国标所列的比例选用。绘制同一机件的各个图形一般应采用相同的比例，并在标题栏的"比例"栏内填写。为使图形更好地反映机件实际大小的真实概念，绘图时应尽量采用 1:1。无论采用何种比例绘图，图上所注尺寸一律按机件的实际大小标注。国标规定的比例见表 7.2。

表 7.2　绘图比例

实物尺寸	1:1		
缩小比例	$1:1.5$　$1:2$　$1:2.5$　$1:3$　$1:4$　$1:5$　$1:10^n$　$1:1.5 \times 10^n$ $1:2 \times 10^n$　$1:2.5 \times 10^n$　$1:5 \times 10^n$		
放大比例	$2:1$　$2.5:1$　$4:1$　$5:1$　$n \times 10^n:1$		

5）【图纸页名称】文本框

该选项可以在该文本框中输入图样名以指定新图样的名称。默认的图纸名是 Sheet 1，如图 7.11 所示。

图 7.11　【图纸页名称】文本框

注意：图样名最多可以包含 30 个字符，但不允许使用空格，并且所有名称都会自动转换为大写。

6）【设置】下拉列表框

【单位】：用户可以在此设置度量单位为毫米或者英寸（1 英寸=25.4 毫米）。

【投影方式】：指定投影方式为第一视角投影方式或第三视角投影方式。我国国家标准规定的投影方式为第一视角投影。

2. 在已有的三维零件模型基础上创建图纸

如果是打开已有的三维零件模型，选择功能区【应用模块】中的【制图】模块，如图 7.12 所示，系统进入制图空间，点击【新建图纸页】弹出如图 7.6 所示的【工作表】对话框。用户可以在此设置所要建立的工程图纸的大小、名称以及其他设置。在图纸页对话框，图纸的大小有三种选择：使用模板、标准尺寸、定制尺寸，同新建图纸页。

图 7.12　【制图】模块

3. 编辑图纸页

如果在工程图的绘制过程中，图纸的格式设置不能满足要求时，则需要对图纸进行编辑操作。选择【编辑图纸页】选项，系统将再次弹出如图 7.6 所示的【工作表】对话框，用户可以在该对话框中修改原来图纸的参数后，单击【确定】按钮即可。

§7.1.2　个性化模板的创建

1. 绘制图框

如图 7.7 所示进入 A3 无图框图纸空间后，即可绘制图框和标题栏。图框格式如图 7.13（a）、（b）所示。在图纸上，必须用粗实线画出图框来限定绘图区域。图纸可以横放也可竖放，分为留有装订边和不留装订边两种，同一产品的图样只能采用一种格式。周边尺寸见表 7.1。

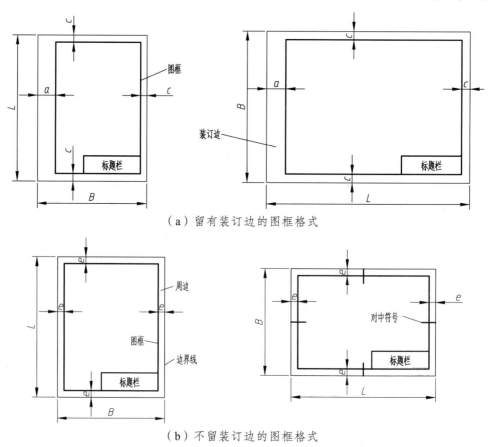

（a）留有装订边的图框格式

（b）不留装订边的图框格式

图 7.13　图框格式

现在绘制一个不留装订边的图框，点击菜单【主页】功能区的【草图】中的矩形，如图 7.14 所示。矩形起点为 X10、Y10，终点为 X400、Y277，绘制如图 7.15 所示的图框。

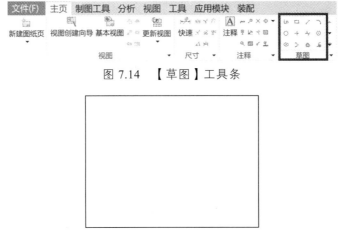

图 7.14　【草图】工具条

（a）A3 图纸图框

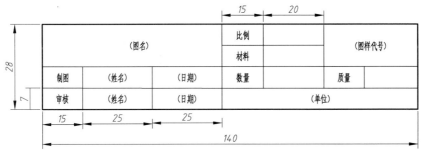

（b）简易标题栏格式

图 7.15　绘制图框

2. 制作标题栏

1）插入表

选择【菜单】中的【插入】→【表】→【表格注释】命令，弹出表格注释对话框，创建 4 行 8 列表格，锚点选择右下，如图 7.16 所示。

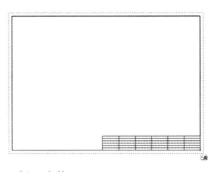

图 7.16　插入表格

2）调整行、列大小

右键单击单元格，选择命令【选择】→【行】或【列】（见图 7.17），右键单击选中的行或列，选择"调整大小"，输入需要的行高或列宽的数值即可。

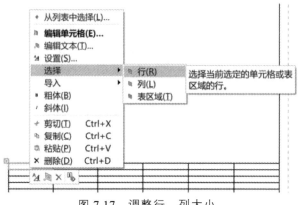

图 7.17　调整行、列大小

3）合并单元格

合并单元格如图 7.18 所示。调整单元格的注释样式，使之符合图 7.15（b）所示的标题栏样式。填入相关文字，填文字时，要设定好文字大小、样式等相关参数。选中表格，点击右键，选择【设置】，如图 7.19（a）所示，弹出如图 7.19（b）所示的对话框，对话框里面可以设置文字的各个属性。

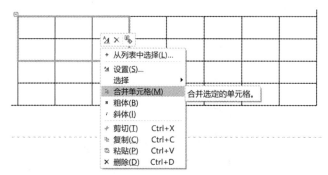

图 7.18　合并单元格

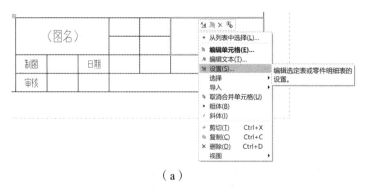

（a）

（b）

图 7.19　设置表格

3. 明细表表头的创建

装配图的工程图还需要添加明细表，通过【菜单】中的【插入】→【表】→【零件明细表】来添加明细表，然后在 PART NAME 单元格前增加一列，在 QTY 后增加三列，调整行宽、列宽。接着设置明细表表头参数。选中一列单元格，右键选中列样式，在列的类型属性名中添加对应的属性名，列的类型选择常规，确认后修改单元格文本。另外，查看 QTY、PC NO、PART NAME 单元格列属性，这三列单元格已附加属性，只需修改单元格文本即可。

至此，一张模板就制作好了，名称保存为 A3 模板.prt，以便后期调用，如图 7.20 所示。

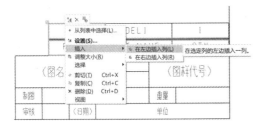

图 7.20　设置明细栏

§7.1.3　个性化模板的调用

点击【文件】中的【导入】→【部件】，弹出如图 7.21（a）所示的【导入部件】对话框，使用默认值点击确定后，弹出图 7.21（b）所示的对话框，选择 A3 模板，弹出图 7.21（c）所示的对话框，X、Y 值为 0 指的是以图纸左下角作为插入基准，点击【确定】后模板便成功导入。

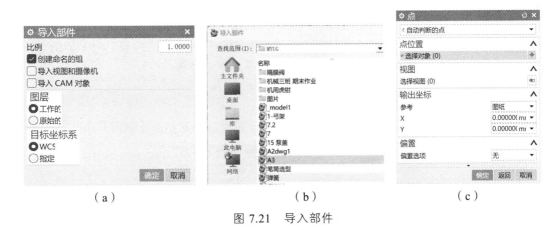

（a）　　　　　　　　　　（b）　　　　　　　　　　（c）

图 7.21　导入部件

§7.2　视图的创建与编辑

UG NX 12.0 工程图菜单栏被分割成多个块区。如图 7.22 所示，第一个块区是新建图纸页命令。第二个块区是视图创建命令，包括基本视图创建命令、投影视图创建命令、剖视图创建命令等。第三个块区是尺寸标注命令，包括长宽高线性尺寸的标注命令，还有直径、半径、倒角的标注命令等。第四个块区是注释命令，包括形位公差命令、基准设置命令、粗糙度设置命令、文本设置命令等。第五个块区是草图命令，这些命令和建模里的草图命令相同。

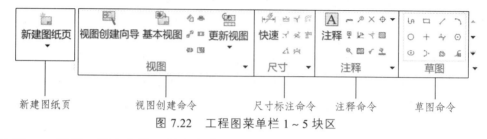

图 7.22　工程图菜单栏 1 ~ 5 块区

如图 7.23 所示，第六个块区是表命令，包括标题栏、明细表、序号标注等命令。第七个块区是编辑设置。第八、九、十块区是 GC 工具箱。这些命令可以使我们更快、更有效率地绘制工程图。

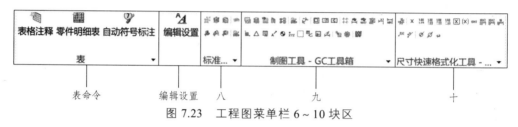

图 7.23　工程图菜单栏 6 ~ 10 块区

§7.2.1　工程图参数设置

在创建工程图之前，一般需要对工程图参数进行预设置，避免后续大量的修改工作，可提高工作效率。通过工程图参数的预设置，可以控制箭头的大小和形式、线条的粗细、不可见线的显示与否、标注样式和字体大小等。但这些预设置只对当前文件和以后添加的视图有效，而对于在设置之前添加的视图，则需要通过视图编辑来修改。

1. 打开【首选项】

选择菜单栏中的【首选项】→【制图】，系统弹出如图 7.24 所示的【制图首选项】对话框。

图 7.24　【制图首选项】对话框

选择【常规】选项卡，图纸页边界及其余均为国标 GB，如图 7.24 所示。根据图纸以及产品大小，用户可以在【制图首选项】对话框合理设置文字的大小，包括尺寸、附加文本、公差和常规文字，如图 7.25 所示。同理，可以在此选择直线/箭头的形式和大小、单位、直径和半径符号以及尺寸的精度和公差等参数，如图 7.26 所示。

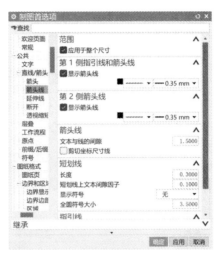

图 7.25　【文字】选项卡界面　　　　　　图 7.26　【直线/箭头】选项卡界面

2. 剖切线参数设置

选择菜单栏中的【首选项】→【剖面线】，系统弹出如图 7.27 所示的【剖面线】首选项对话框。通过设置该对话框中的参数，既可以控制以后添加到图样中的剖面线显示，也可以修改现有的剖面线。

图 7.27　【剖面线】选项卡界面

3. 视图参数

选择菜单栏中的【首选项】→【视图】，系统弹出如图 7.28 和图 7.29 所示的【视图】首选项对话框。

图 7.28　【视图】选项卡界面

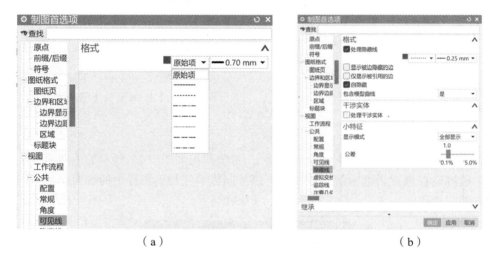

（a）　　　　　　　　　　　　　　　（b）

图 7.29　【可见线】及【隐藏线】选项卡界面

4. 光顺边设置

选择【光顺边】选项卡，如图 7.30 所示，去掉"显示光顺边"前面的钩就可去除光滑过渡边。该设置主要用于一些标准件工程图。

图 7.30　【光顺边】选项卡界面

§7.2.2　创建基本视图

1. 基本视图的创建

基本视图的创建可以点击【视图创建向导】创建，如图 7.31 所示，也可以点击【基本视图】创建。

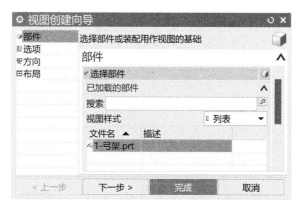

图 7.31　【视图创建向导】选项卡界面

单击【基本视图】按钮，系统弹出如图 7.32 所示的【基本视图】对话框。基本视图为俯视图、前视图、右视图、后视图、仰视图、左视图、正等测图或正三轴测图等。【基本视图】对话框选项描述如表 7.3 所示。

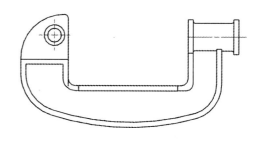

图 7.32　【基本视图】选项卡界面

表 7.3　【基本视图】对话框选项描述

选　　项	描　　述
部件	已加载的部件：显示所有已加载部件的名称。 最近访问的部件：显示最近曾打开但现在已关闭的部件。 打开：从指定的部件添加视图
视图原点	指定位置：可用光标指定屏幕位置。 放置：提供了 5 种对齐视图的方式，分别为自动判断、水平、竖直、垂直于直线和叠加
模型视图	可从下拉列表中选择 8 种视图类型：俯视图、前视图、右视图、后视图、仰视图、左视图、正等测图、正三轴测图
比例	在向图纸添加视图之前，为基本视图指定一个特定的比例
设置	非剖切：选择非剖切的零件
放置视图	在图形区的适当位置单击左键即可完成一个视图的放置

2. 投影视图的创建

使用投影视图命令可以从父视图创建投影视图，包括正交视图和辅助视图。

调用命令：① 基本视图创建完后，系统会自动弹出【投影视图】对话框，如图 7.33（a）所示。② 若创建基本视图后关闭了【投影视图】对话框，可单击【图纸】工具条中的【投影视图】命令来创建投影视图。

（1）正交视图：使用自动判断的正交视图选项，可以从现有的视图创建正交投影。要在图纸上放置一个正交视图，可在由父视图确定的所需正交象限中指定一个位置。正交视图自动与父视图对齐，它与父视图具有相同的视图比例，如图 7.33（b）所示。

（a）

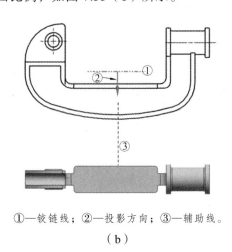

①—铰链线；②—投影方向；③—辅助线。

（b）

图 7.33　投影视图

（2）辅助视图：该选项用于将现有视图中的视图垂直投影到所定义的铰链线，如图 7.34所示。所定义的铰链线与辅助视图关联。对铰链线的位置、方位或角度进行的任何更改都反映在辅助视图中。

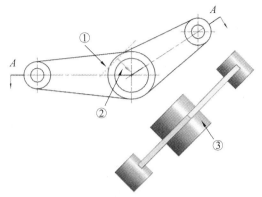

①—铰链线；②—方向与铰链线正交；③—着色的辅助预览。

图 7.34　辅助视图

3. 局部放大图

视图中往往用矩形、圆形或自定义曲线边界来创建局部放大视图，其中包含现有图纸视图的放大部分的视图。局部放大图显示原视图中不明显的细节，如图 7.35 所示。

创建局部放大图的基本步骤如下：

（1）选择【插入】→【视图】→【局部放大图】命令，弹出如图 7.35（a）所示的对话框。

（2）选择一种边界类型。

（3）指定确定边界的两个点。

（4）将光标拖动到所需的位置。

（5）单击以放置视图，如图 7.35（b）所示。

（a）

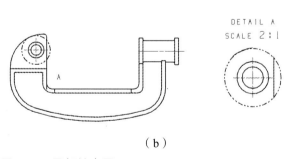

（b）

图 7.35　局部放大图

§7.2.3　创建剖视图

剖视图主要用于表达机件内部的结构形状，它是假想用一剖切面（平面或曲面）剖开机件，移去处于观察者和剖切面之间的部分，并将其余部分向投影面上投射，获得的图形。

1. 全剖视图

用剖切平面完全地剖开机件所得的剖视图，称为全剖视图。全剖视图主要用于表达内部结构复杂、外形比较简单的机件，如图 7.36 所示。

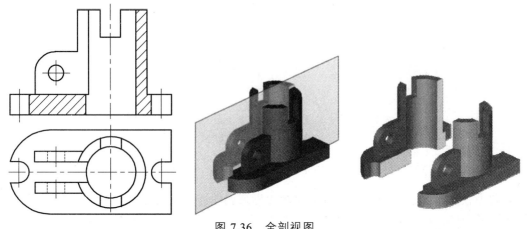

图 7.36　全剖视图

全剖视图的操作步骤如下：

（1）单击【剖视图】图标 ▓ ，弹出如图 7.37（a）所示的工具条。

（2）选择父视图。选择图 7.37（b）所示的主视图作为父视图，选择父视图后，选择截面线。

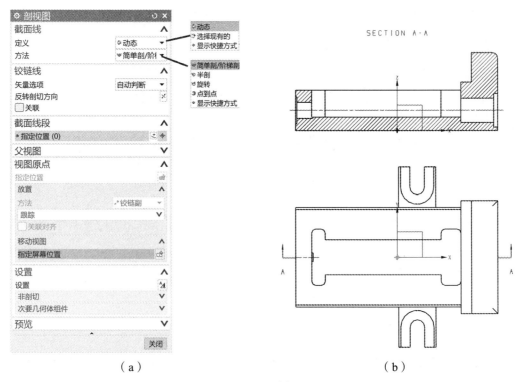

（a）　　　　　　　　　　　　　　　（b）

图 7.37　剖视图

（3）定义剖切位置。系统会自动定义一条铰链线，用户直接在主视图上捕捉图 7.37（b）所示圆的中线上的点作为剖切位置。如果需要改变投影方向，则单击【反向】图标🔀即可。

（4）若要设置剖切线参数，可以右键单击【设置】，进入【剖切线样式】对话框进行设置，如图 7.38 所示。

图 7.38　剖切线设置对话框

（5）放置全剖视图。移动鼠标将图形放在适当位置后单击左键。

注意：假如我们剖切一个装配图，剖切线经过的位置有个零件不想剖切，则在图 7.37（a）所示对话框的【设置】栏中的【非剖切】选择不需要剖切的部件。

2. 半剖视图

当机件具有对称平面时，在垂直于对称平面的投影面上的投影可以对称中心线为界，一半画成剖视，一半画成视图，这样得到的图形叫作半剖视图。半剖视图适用于机件的内、外形状均需要表达，同时机件的形状对称或基本对称的情况。

画图时必须注意：

（1）在半剖视图中，半个外形视图和半个剖视图的分界线应画成点画线。

（2）在半个外形视图中，虚线一般省略不画。

半剖视图的标注方法与全剖视图相同。半剖视图的操作步骤如下：

（1）单击【剖视图】图标 ▦ ，弹出如图 7.37（a）所示的工具条。

（2）选择【方法】为【半剖】，弹出如图 7.39（a）所示的对话框。

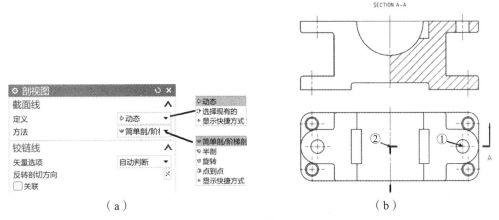

（a）　　　　　　　　　　　　　　　（b）

图 7.39　剖视图

（3）定义剖切位置。系统会自动定义一条铰链线，用户直接在主视图上捕捉图 7.39（b）所示圆的圆心点①，再点击中线上的点②作为剖切位置。如果需要改变投影方向，则单击【反向】图标 ⚡ 即可。

（4）放置全剖视图。移动鼠标将图形放在适当位置后单击左键。

3. 阶梯剖视图

当机件上的孔、槽的轴线或对称面位于几个相互平行的平面上时，可以用几个与基本投影面平行的剖切平面切开机件，再向基本投影面进行投射。这种剖视称为阶梯剖视。

操作步骤如下：

1）绘制剖切线

点击功能区的剖切线图标 ⬚ ，则进入剖切线草图绘制界面，如图 7.40 所示。

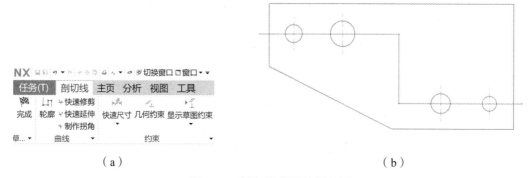

（a）   （b）

图 7.40　剖切线草图绘制界面

绘制好后点击【完成】则弹出如图 7.41 所示的对话框及图形，点击【确定】退出。

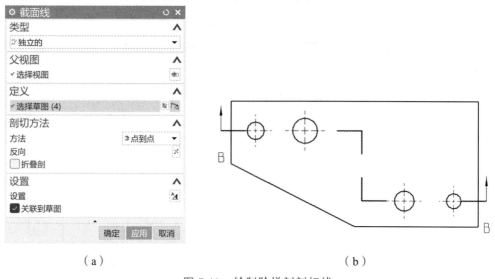

（a）   （b）

图 7.41　绘制阶梯剖剖切线

2）剖切图形

点击【剖视图】图标 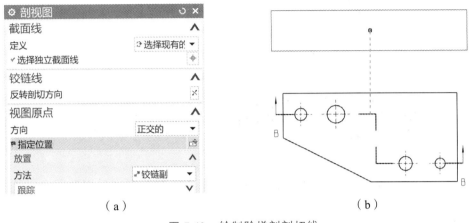，弹出如图 7.42（a）所示的工具条，截面线选择现有的 *B*—*B*。

（a）　　　　　　　　　　　　（b）

图 7.42　绘制阶梯剖剖切线

3）放置阶梯剖视图

单击【放置视图】，移动鼠标将图形放在适当位置后单击左键，则完成阶梯剖，如图 7.43 所示。

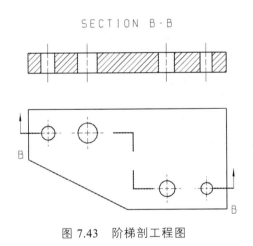

图 7.43　阶梯剖工程图

4. 旋转剖视图

当机件的内部结构形状用一个剖切平面不能表达完全，而机件又具有回转轴时，可以采用两个相交的剖切平面剖开机件，并将与投影面不平行的那个剖切平面剖开的结构及其有关部分旋转到与投影面平行再进行投射。这种剖视称为旋转剖视（见图 7.44）。

采用旋转剖视图时应注意以下几点：

① 两相交的剖切平面的交线应与机件上旋转轴线重合，并垂直于某一基本投影面。

② 剖开的倾斜结构及其有关部分应旋转到与选定的投影面平行后再投影画出，以反映被剖切结构的真实形状，但在剖切平面后的部分结构一般仍按原来位置投影画出。

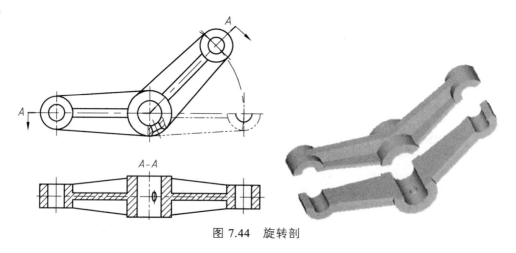

图 7.44 旋转剖

③ 当两相交剖切平面剖到机件上的结构会出现不完整要素时，则这部分结构按不剖处理。

④ 采用旋转剖必须标注。其标注方法是在剖切平面的起、止和转折处用相同的大写拉丁字母及剖切符号表示剖切位置，并在起、止两端外侧画上与剖切符号垂直相连的箭头表示投影方向；在其相应的剖视图上方正中位置用相同的大写字母标注出"×—×"以表示剖视图的名称。但要注意的是，在标注中箭头所指方向是与剖切平面垂直的投影方向，而不是旋转方向。

具体操作步骤如下：

（1）单击【剖视图】图标 ▦，弹出如图 7.37（a）所示的工具条。

（2）选择【方法】为【旋转】，如图 7.45（a）所示。

（3）定义剖切位置。系统会自动定义一条铰链线，用户直接在主视图上捕捉图 7.45（b）所示圆的圆心点①，再点击左边的圆心点②及右边圆心点③作为剖切位置。如果需要改变投影方向，则单击【反向】图标 ⬈ 即可。

（4）放置旋转剖视图。移动鼠标将图形放在适当位置后单击左键，完成如图 7.45（b）所示的旋转剖视图。

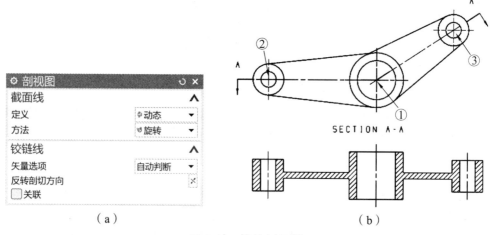

（a）　　　　　　　　　　　　　　　　　　　（b）

图 7.45　旋转剖示例

5. 局部剖视图

用剖切平面局部地剖开机件所得的剖视图，称为局部剖视图。局部剖视图主要用于表达不宜采用全剖视图和半剖视图的机件。局部剖视图是通过移去模型的一个局部区域来观察模型内部而得到的视图。通过一封闭的局部剖切曲线环来定义区域，局部剖视图与其他剖视图不一样，它是在原来的视图上进行剖切，而不是新生成一剖视图。

具体操作步骤如下：

（1）创建活动草图视图。将光标放在如图 7.46 所示视图边框以内右击，在弹出的快捷菜单中选择【活动草图视图】。

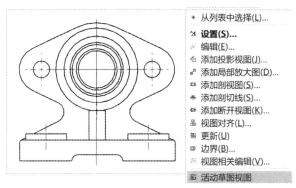

图 7.46　活动草图视图

（2）绘制样条曲线。单击【曲线】工具条中的【艺术样条】图标，弹出如图 7.47 所示的对话框，将【阶次】改为 3，勾选中【封闭】，绘制如图 7.47 所示的样条曲线（注意：样条曲线要画在视图边框以内）。

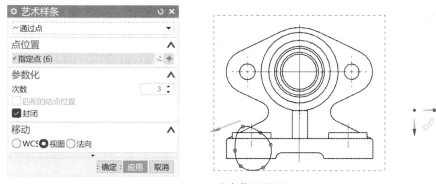

图 7.47　活动草图视图

（3）单击【局部剖】图标　，弹出如图 7.48 所示的对话框。

图 7.48　【局部剖】对话框

（4）选择生成局部剖的视图，如图 7.47 所示。

（5）定义基点。选择图 7.47 所示封闭曲线中边线上的点作为基点。

（6）定义拉伸矢量。接受系统默认矢量，直接单击中键接受。

（7）选择剖切线。选择图 7.47 所示的样条曲线。

（8）完成局部剖视图的创建。选择图 7.47 所示视图的封闭曲线，点击【确定】生成图 7.49 所示的局部剖视图。

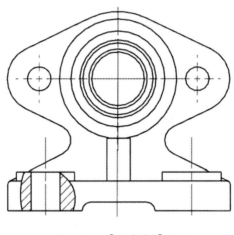

图 7.49 【局部剖】视图

6. 轴测剖视图

在 UG 工程图中，经常会用到等轴测剖切视图来显示零件或装配体的内部结构，下面介绍两种创建方式：

1）轴测图中的全剖视图

在工程图中添加轴测图，如图 7.50 所示。

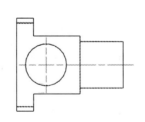
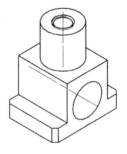

图 7.50 方螺母视图

单击【剖视图】图标 ▦ ，弹出如图 7.51（a）所示的工具条，选择方法为简单剖，光标选中图 7.51（b）所示的圆心，光标移至视图左边，并在图 7.51（a）所示视图方向栏选择【剖切现有的】，点击轴测图则生成如图 7.51（c）所示的轴测全剖图。

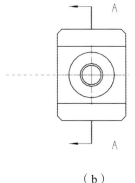
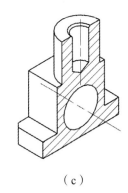

（a）　　　　　　　　　　　（b）　　　　　　　　　（c）

图 7.51　轴测剖视图

2）轴测图中的阶梯剖视图

与创建【轴测图中的全剖视图】的操作过程完全相同，此处不再赘述。

7. 视图编辑主要工具

UG 工程图具有丰富的视图编辑工具，包括"显示与更新视图""视图相关编辑""获得草图视图"等，通过这些工具的使用就可以将工程图编辑为想要的结果。表 7.4 罗列了主要的视图编辑选项。

表 7.4　主要视图编辑选项描述

序号	命　令	功能含义
1	更新视图	在选定视图中更新视图内容
2	移动/复制视图	视图移动或复制到另一个图纸页上
3	视图对齐	在视图之间创建永久对齐
4	视图边界	编辑图纸页上某一个视图的视图边界
5	隐藏视图中的组件	隐藏视图中选定的组件
6	显示视图中的组件	显示视图中的选定隐藏组件

1）更新视图

选择要更新的视图。既可以在图纸页上或【更新视图】对话框的视图列表中选择要更新的视图，也可以单击相应的选择按钮来选择要更新的视图。如图 7.52 所示，在某种情况下，可以单击【选择所有过时视图】按钮选择所有过时的视图，或者单击【选择所有过时自动更新视图】按钮选择所有过时自动更新。选择好要更新的视图后，在【更新视图】对话框中单击【应用】按钮或【确定】按钮，即可完成更新视图的操作。

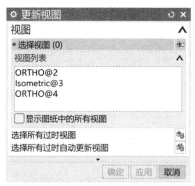

图 7.52 【更新视图】对话框

2）视图相关编辑

视图相关性是指当用户修改某个视图的显示后，其他相关视图也发生相应的变化。NX系统允许用户编辑视图之间的相关性，编辑视图的相关性后，当用户修改某个视图的显示后，其他视图可以不受修改视图的影响。

既要编辑视图中对象的显示，同时又不影响其他视图中同一对象的显示，则在功能区的【主页】选项卡的【视图】面板中单击【视图相关编辑】按钮，或者选择【菜单】→【编辑】→【视图】→【视图相关编辑】命令，打开【视图相关编辑】对话框，系统提示用户选择要编辑的视图，如图 7.53 所示。选择要编辑的视图后，【视图相关编辑】相关按钮便被激活，例如【添加编辑】选项组、【删除编辑】选项组和【转换相依性】选项组按钮被激活。用户可以选择相关的按钮进行相关编辑操作。

图 7.53 【视图相关编辑】对话框

（1）添加编辑。

"添加编辑"包括"擦除对象""编辑完整对象""编辑着色对象""编辑对象段"以及"编辑剖视图背景"。

（2）删除编辑。

"删除编辑"包括"删除选定的擦除""删除选定的编辑""删除所有编辑"。

（3）转换相依性。

"转换相依性"包括"模型转换到视图"和"视图转换到模型"。

§7.2.4　尺寸和符号标注

1. 尺寸标注

视图标注尺寸与注释是工程图的一个重要工作环节。在使用其中一些尺寸和注释工具之前，注意确保尺寸与注释要满足相应的标准，如标注的倒斜角尺寸。

尺寸标注包括如图 7.54 所示的尺寸类型、注释和中心线类型。【尺寸】包含线性尺寸、径向尺寸、角度、倒斜角、厚度、弧长、周长及坐标等。

图 7.54　尺寸标注内容

点击尺寸标注中的【线性】，弹出图 7.55（a）所示的对话框，选择图 7.55（b）所示的两个端点，弹出文本编辑对话框，在对话框中可以输入前缀，如果不需要输入任何内容，则点击鼠标左键即可生成线性尺寸。

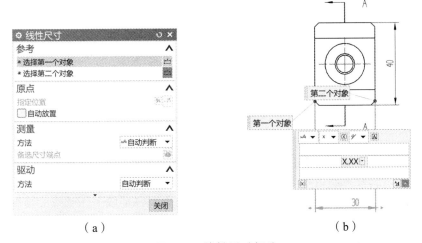

图 7.55　线性尺寸标注

点击尺寸标注中的【径向】，弹出图 7.56（a）所示的对话框，在【方法】中选择【直径】，选择图 7.56（b）所示的圆，弹出文本编辑对话框及尺寸，在对话框中可以输入前缀，如果不需要输入任何内容，则点击鼠标左键即可生成直径尺寸标注。

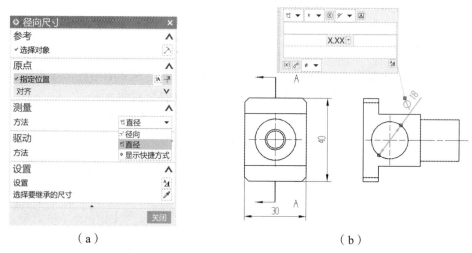

（a）   （b）

图 7.56　径向尺寸标注

如果要修改标注尺寸文本内容，则将鼠标放置于所要修改的尺寸上，点击鼠标右键，选择【编辑附加文本】，弹出图 7.57 所示的对话框，在文本框中输入文字。文本位置可以选择文字放置的位置。

图 7.57　【附加文本】对话框

2. 形位公差标注

零件加工后，不仅存在尺寸误差，而且会产生几何形状及相互位置的误差。圆柱体，即使在尺寸合格时，也有可能出现一端大、另一端小或中间细两端粗等情况，其截面也有可能不圆，这属于形状方面的误差。阶梯轴，加工后可能出现各轴段不同轴线的情况，这属于位置方面的误差。所以，形状公差是指实际形状对理想形状的允许变动量。位置公差是指实际位置对理想位置的允许变动量。两者简称形位公差。

具体操作过程如下：

（1）选择【注释】工具条中的【特征控制框】图标 ，弹出【特征控制框】对话框，参数设置如图7.58所示。

（2）指定要标注形位公差的指引位置。单击图标 ，选择尺寸线的端点。

（3）放置标准形位公差。移动鼠标，待符号放到适当位置后单击左键。

（a）　　　　　　　　　　　　　　（b）

图7.58　【特征控制框】对话框

形状公差包括直线度、平面度、圆度、圆柱度、线轮廓度及面轮廓度等，如图7.58（b）所示。位置公差包括：① 定向公差（平行度、垂直度、倾斜度）；② 定位公差（同轴度、对称度、位置度）；③ 跳动公差（圆跳动、全跳动）。

几何公差的类型、几何特征和符号见表7.5和表7.6。

表7.5　形状和方向公差符号

公差类型	几何特征	符号	有无基准
形状公差	直线度	—	无
	平面度	▱	
	圆度	○	
	圆柱度	⌭	
	线轮廓度	⌒	
	面轮廓度	◠	
方向公差	平行度	//	有
	垂直度	⊥	
	倾斜度	∠	
	线轮廓度	⌒	
	面轮廓度	◠	

表 7.6　位置和跳动公差符号

公差类型	几何特征	符号	有无基准
位置公差	位置度	$\oplus$	有或无
	同心度（用于中心点）	$\odot$	有
	同轴度（用于轴线）		
	对称度	$=$	
	线轮廓度	$\cap$	
	面轮廓度	$\frown$	
跳动公差	圆跳动	$\nearrow$	有
	全跳动	$\nearrow\!\nearrow$	

3. 表面粗糙度标注

1）表面粗糙度的基本概念及术语

表面粗糙度：零件经过机械加工后的表面会留有许多高低不平的凸峰和凹谷，零件加工表面上具有的较小间距和峰谷所组成的这种微观几何形状特征。

Ra（轮廓算术平均偏差）：在一个取样长度内，轮廓偏距（Y 方向上轮廓线上的点与基准线之间距离）绝对值的算术平均值。显然，数值大的表面粗糙，数值小的表面光滑。

Rz（轮廓最大高度）：在一个取样长度内，最大轮廓峰高和最大轮廓谷深的高度之和。

Ra 值越小，零件被加工表面越光滑，但加工成本越高。因此，在满足零件使用要求的前提下，Ra 值应合理选用。参照 GB/T 1031—2009《产品几何技术规范（GPS）表面结构　轮廓法　表面粗糙度参数及其数值》所规定，表 7.7 列出了 Ra 值与其相应的加工方法、表面特征以及应用实例。

表 7.7　不同表面粗糙度的外观情况、加工方法和应用举例

$Ra/\mu m$	表面外观情况	主要加工方法	应用举例
50、100	明显可见刀痕	粗车、粗铣、粗刨、钻、粗纹锉刀和粗砂轮加工	粗糙度值最大的加工面，一般很少应用
25	可见刀痕		
12.5	微见刀痕	粗车、刨、立铣、平铣、钻	不接触表面、不重要的接触面，如螺钉孔、倒角、机座底面等
6.3	可见加工痕迹	精车、精铣、精刨、铰、镗、粗磨等	没有相对运动的零件接触面，如箱、盖、套筒要求贴紧的表面，键和键槽的工作表面；相对运动速度不高的接触面，如支架孔、衬套、带轮轴孔的工作表面
3.2	微见加工痕迹		
1.6	看不见加工痕迹		

$Ra/\mu m$	表面外观情况	主要加工方法	应用举例
0.80	可辨加工痕迹方向	精车、精铰、精拉、精镗、精磨等	要求很好密合的接触面，如与滚动轴承配合的表面、锥销孔等；相对运动速度较高的接触面，如滑动轴承的配合表面、齿轮轮齿的工作表面等
0.40	微辨加工痕迹方向		
0.20	不可辨加工痕迹方向		
0.10	暗光泽面	研磨、抛光、超级精细研磨等	精密量具的表面、极重要零件的摩擦面，如气缸的内表面、精密机床的主轴颈、坐标镗床的主轴颈等
0.05	亮光泽面		
0.025	镜状光泽面		
0.012	雾状镜面		
0.006	镜面		

2）表面粗糙度的符号

标注表面粗糙度时的图形符号如表 7.8 所示。

表 7.8　标注表面粗糙度时的图形符号

符　号	含　义
$\sqrt{\ }$	基本符号，表示表面可用任何方法获得
$\sqrt{\ }$	基本符号加一短画，表示表面是用去除材料的方法获得
$\sqrt{\ }$	基本符号加一小圆，表示表面是用不去除材料方法获得
$\sqrt{\ }$ $\sqrt{\ }$ $\sqrt{\ }$	在上述三个符号的长边上均可加一横线，用于标注有关参数和说明

在完整图形符号上加上一个圆圈，表示视图上构成封闭轮廓的各个表面具有相同的表面粗糙度要求，如图 7.59 所示。

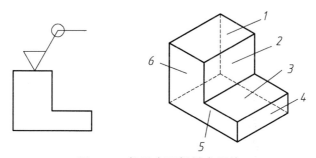

图 7.59　相同表面粗糙度画法

3）表面粗糙度标注选择命令

（1）选择【菜单】→【插入（S）】→【注释】→【表面粗糙度符号（S）】，系统弹出【表面粗糙度】对话框，如图 7.60 所示。

（2）标注表面粗糙度符号：选择要标注表面粗糙度的边，设置如图 7.60 所示的粗糙度参数，选择放置位置。

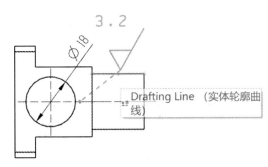

图 7.60　【表面粗糙度】对话框

在【表面粗糙度】对话框中根据图例可以选择上部文本、下部文本、放置符号、加工及加工公差。除料类型如表 7.9 所示。

表 7.9　除料类型

符　号	含　义
	开放
	开放，修饰符
	修饰符，全圆符号
	需要除料
	修饰符，需要除料
	修饰符，需要除料，全圆符号
	禁止除料
	修饰符，禁止除料
	修饰符，禁止除料，全圆符号
	显示快捷方式

4. 标识符号标注

标识符号是一种由规则图形和文本组成的符号，在创建装配图中使用。

具体操作过程如下：

（1）选择【菜单】→【插入（S）】→【注释】→【符号标注】，弹出【符号标注】对话框，如图 7.61 所示。

（2）指定指引线位置。单击图标 ↘ ，选择目标对象。

（3）放置标识符号。移动鼠标，待符号放到适当位置后单击左键。

图 7.61　【符号标注】对话框

§7.3　工程图创建例题

§7.3.1　割管刀产品设计流程

割管刀产品设计流程如图 7.62 所示。

§7.3.2　割管刀装配工程图创建步骤

1. 新建一个图纸文档

打开割管刀装配图（见图 7.63），选择功能区【应用模块】中的【制图】模块，如图 7.12 所示，系统进入制图空间，点击【新建图纸页】弹出如图 7.6 所示的【工作表】对话框，选择 A2 图纸，导入 A2 图纸模板，如图 7.64 所示。

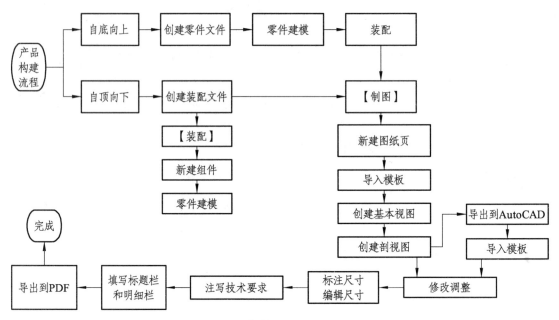

图 7.62　割管刀产品设计流程

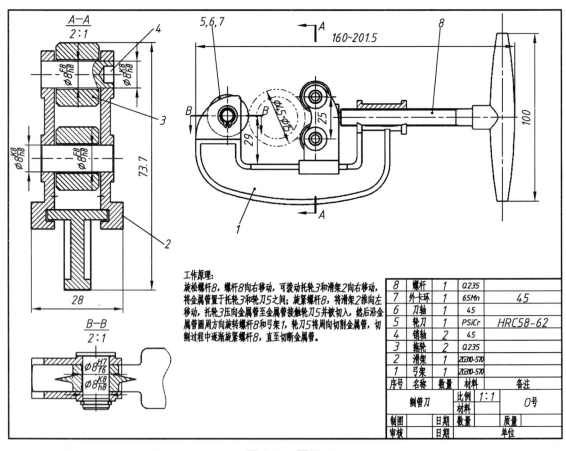

图 7.63　题图

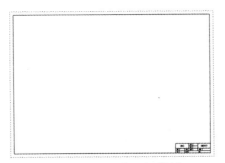

图 7.64 导入的图纸模板

2. 创建第一个视图（基本视图）

调用命令为单击【基本视图】按钮，系统弹出如图 7.65 所示的【基本视图】对话框。选择基本视图为右视图，比例为 2∶1。

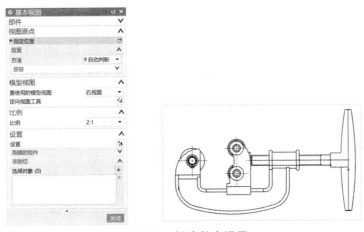

图 7.65 创建基本视图

3. 创建剖视图

单击【剖视图】图标 ▦ ，创建剖视图 *A—A*，如图 7.66 所示。注意在非剖切栏选择"销轴"。

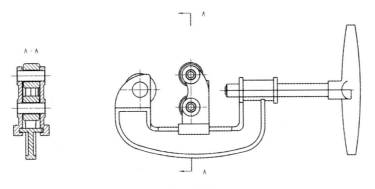

图 7.66 创建剖视图 *A—A*

点击功能区的剖切线图标 ，则进入剖切线草图绘制界面，绘制如图 7.67 所示的截面线。点击图标 ，截面线选择现有的 *B—B*，非剖切中选择轴，单击【放置视图】，移动鼠标将图形放在适当位置后单击左键，完成如图 7.68 所示的视图。

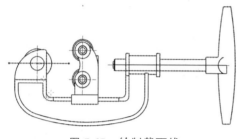

图 7.67　绘制截面线

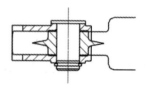

图 7.68　创建剖视图 *B—B*

4. 修改调整视图

（1）编辑主视图。

① 用【视图相关编辑】命令删除主视图中的多余线段，并创建 3D 中心线。

② 添加不可见圆弧，在【活动草图视图】中绘制如图 7.69 所示的圆，退出草图后在【视图相关编辑】命令中，编辑刚才所绘制的圆为虚线，如图 7.70 所示。

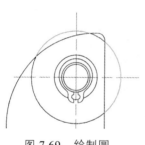

图 7.69　绘制圆

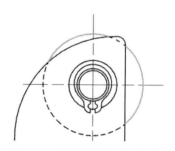

图 7.70　编辑为不可见虚线

③ 创建主视图局部剖视图。

如图 7.71 绘制封闭的样条曲线，选择圈中任意点为基点，选择剖切后如图 7.72 所示。

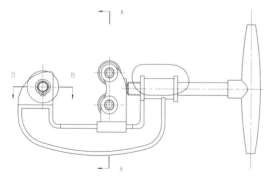

图 7.71　绘制封闭的样条曲线

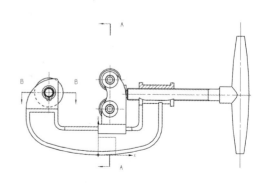

图 7.72　局部剖视图

（2）编辑断面图 *A—A*。

用【视图相关编辑】命令删除视图多余的线段即可，如图 7.73 所示。

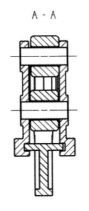

图 7.73　局部剖视图

（3）编辑剖视图 *B—B*。

修改剖视图名称，点击 *B—B* 视图图框，右键显示设置弹出设置对话框，如图 7.74 所示。将标签栏里面的前缀"SECTION"去掉即可。草图绘制艺术样条曲线，点击【确定】后完成。如果波浪线太粗，则选中波浪线点击右键编辑，将线宽改为细线宽度，最后完成如图 7.75 所示的剖视图。

图 7.74　【设置】对话框

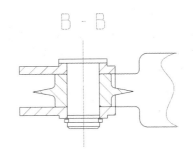

图 7.75　*B—B* 剖视图

5. 标注尺寸与编辑尺寸

（1）标注主视图总体尺寸，长度需要修改，执行【菜单】→【编辑】→【注释】→【文本】，弹出选择长度尺寸，文本输入 160-201.5，完成"编辑注释的文本和设置"，如图 7.76 所示。

（2）标注金属管，在【活动草图视图】中绘制如图 7.77 所示的同心圆，退出草图后点击同心圆，再点击右键的【编辑对象显示】，修改线型为点画线，如图 7.78 所示。标注同心圆尺寸，单击外圆尺寸线右键的【设置】，弹出如图 7.79 所示的格式，选择【替代尺寸文本】，文本输入 $\phi45$-$\phi15$。

图 7.76 【文本】对话框

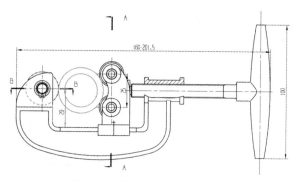

图 7.77 标注主视图总体尺寸

图 7.78 【编辑对象显示】对话框

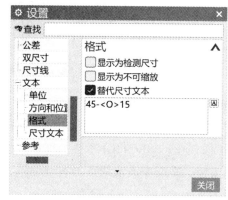

图 7.79 【设置】对话框

（3）标注公差配合尺寸。

打开【文件】中的【首选项】，选择【制图】，如图 7.80 所示，设置公差标注格式，类型选择为【限制与配合】，【限制与配合】中选择拟合，输入孔和轴的配合精度，显示为【双线】，点击【应用】。

点击直线标注 A—A 视图的孔径，弹出不带直径符号的公差配合尺寸，点击右键弹出【编辑附加文件】加前缀 φ，完成如图 7.81 所示的标注。

图 7.80 【制图首选项】对话框

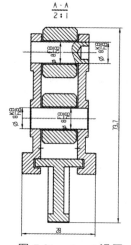

图 7.81 A—A 视图

6. 注写技术要求

技术要求的填写一般有两种方法：一种是通过注释填写，另一种是通过 GC 工具箱的【技术要求库】来选填。

1）通过注释填写

NX 制图模式里面用【插入】→【注释】的方式来写文本，如图 7.82 所示，插入文本，并点击一点，则插入文本。

图 7.82　【注释】对话框

注意：注释里面，"技术要求"一般字号较大，可以在书写时写成 "<C1.4286>技术要求<C>"。对于制图模板而言，默认的字体高度是 3.5，但是技术要求这几个字想要变成字体高度为 5，就要用对指定字体进行放大，默认字高为 3.5 时，5 号字的倍数为 1.428 6（5/3.5=1.428 6）。

2）通过技术要求库添加

点击 GC 工具箱的【技术要求库】，弹出图 7.83 所示的【技术要求】对话框，选择需要填写的内容，并选择图纸技术要求放置的位置及长度即可。

图 7.83　【技术要求】对话框

7. 填写标题栏和明细栏

点击符号标注图标  ，弹出如图 7.84 所示的对话框，设置符号样式为"下划线"，输入文本，将符号放置到合适的位置。放置后如果不符合规范，可以继续修改。

图 7.84　【符号标注】对话框

§7.4　工程图导出

§7.4.1　工程图导出到 PDF

工程图创建完成后如果需要打印，最好导出为 PDF 格式。点击【文件】→【导出】→【PDF】，弹出如图 7.85 所示的对话框，选择导出地址及名称即可。

图 7.85　【导出 PDF】对话框

§7.4.2　工程图导出到 AutoCAD

NX 制图文件导出为 DWG 文件后错误较多，可先将制图文件导出为"2D Exchange"，点击【文件】→【导出】→【2D Exchange】，出现【2D Exchange 选项】对话框，如图 7.86 所示。

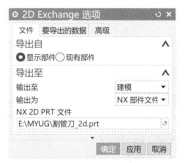

图 7.86　【2D Exchange 选项】对话框

1. 在文件栏中设置

（1）导出自：选"显示部件"。

（2）输出至：选择"建模"。

（3）输出为：选择"NX"或者"IGS"。

（4）下方为输出文件的保存位置。

2. 要导出的数据设置

（1）在要导出的数据栏中点选"图纸"。

（2）在下拉栏中选择"当前图纸"（只有一张图纸的话），点击【确定】按钮。等待 UG 转换成 2D Exchange 格式的文件：割管刀_2d.PRT。

3. 将 2d.PRT 转换为 DWG 文件

打开"割管刀_2d.PRT"文件，点击【文件】→【导出】→【AutoCAD DXF/DWG】，弹出图 7.87 所示的对话框，设置好后完成转换。

图 7.87　【AutoCAD DXF/DWG 导出向导】对话框

打开 CAD 格式的文件，就可以进一步编辑了。

§7.5　工程图习题

（1）采用本章所学内容创建第 6 章习题图 6.60 ~ 图 6.63 所示的虎钳装配工程图。

（2）图 7.88 是叉架类零件的一个完整的实例零件图。请参考该图，创建三维模型及工程图样。

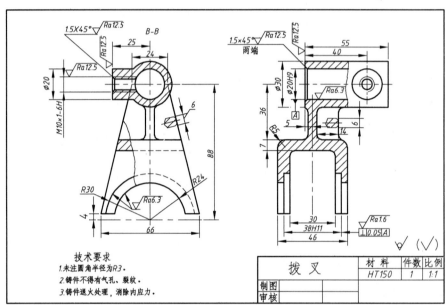

图 7.88　叉架类示例零件图

（3）图 7.89 是蜗轮轴零件的工程图。请参考该图，创建蜗轮轴的三维模型及工程图样。

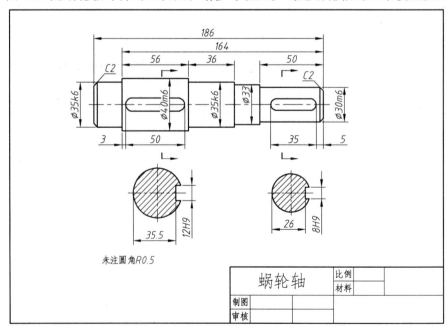

图 7.89　蜗轮轴

（4）根据图 7.90 所示的视图，在其上取 *A—A* 旋转剖。

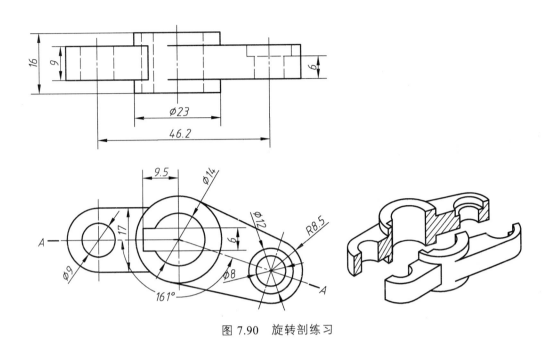

图 7.90　旋转剖练习

（5）根据图 7.91 所示的视图，在其上取 *A—A* 阶梯剖。

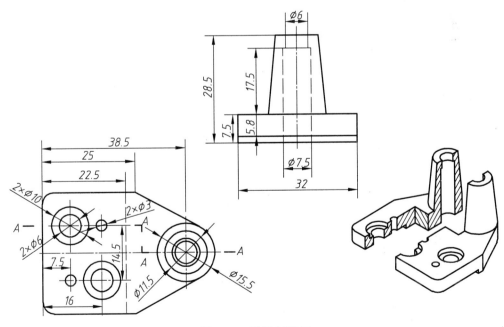

图 7.91　阶梯剖练习

（6）根据图 7.92 完成圆柱直齿轮的建模及工程图的创建。

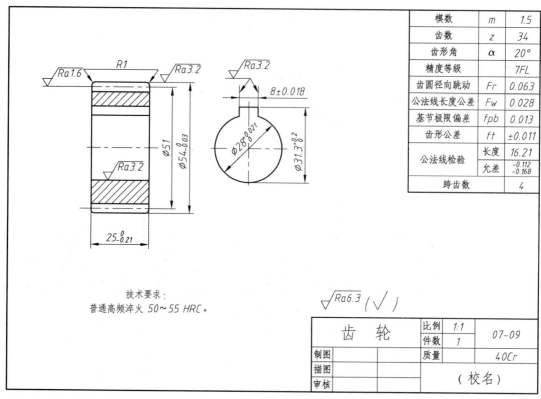

模数	m	1.5
齿数	z	34
齿形角	α	20°
精度等级		7FL
齿圆径向跳动	Fr	0.063
公法线长度公差	Fw	0.028
基节极限偏差	fpb	0.013
齿形公差	ft	±0.011
公法线检验	长度	16.21
	允差	-0.112 / -0.168
跨齿数		4

技术要求：
普通高频淬火 50~55 HRC。

$\sqrt{Ra6.3}(\sqrt{})$

齿 轮	比例	1:1	07-09
	件数	1	
制图		质量	40Cr
描图			
审核		（校名）	

图 7.92　圆柱直齿轮

（7）根据图 7.93 和图 7.94 给出的装配示意图及零件图完成千斤顶装配图和工程图的创建。

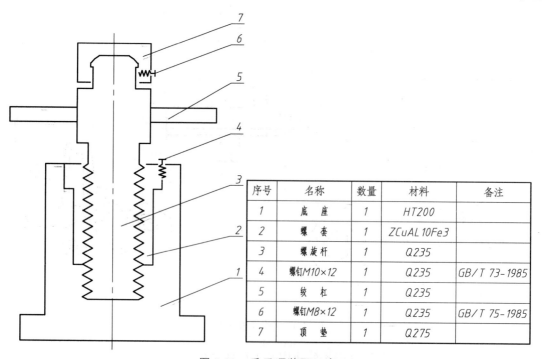

序号	名称	数量	材料	备注
1	底 座	1	HT200	
2	螺 套	1	ZCuAL10Fe3	
3	螺旋杆	1	Q235	
4	螺钉 M10×12	1	Q235	GB/T 73-1985
5	铰 杠	1	Q235	
6	螺钉 M8×12	1	Q235	GB/T 75-1985
7	顶 垫	1	Q275	

图 7.93　千斤顶装配示意

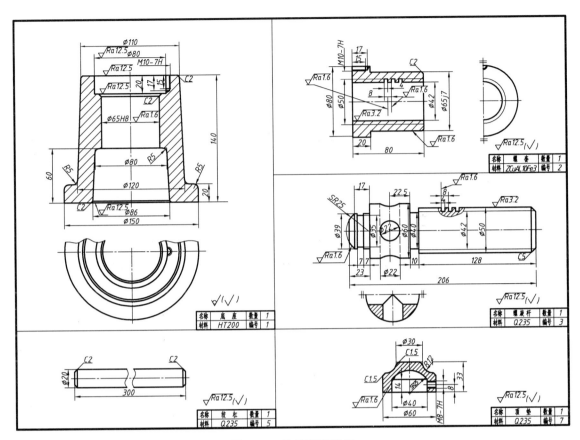

图 7.94　千斤顶零件图

① 千斤顶的作用。

千斤顶是一种常用的手动起重和顶压工具，主要用在汽车修理和机械设备安装过程中。其装配示意图如图 7.93 所示。

② 千斤顶的工作原理。

千斤顶是利用螺旋传动来顶举重物的。工作时，绞杠穿在螺旋杆顶部的孔中，转动绞杠，螺旋杆在螺旋套中靠螺纹上下移动，使顶垫上的重物靠螺旋杆的上升而顶起。螺套装在底座里，用螺钉定位，磨损后便于更换维修。螺旋杆的球面形顶部套有一个顶垫，利用螺钉与螺旋杆连接，但不拧紧，使顶垫不与螺旋杆一起旋转且可防止顶垫脱落。

参考文献

[1] 冯芳. 工程制图（含习题册）[M]. 成都：西南交通大学出版社，2016.

[2] 魏峥. 工业产品类 CAD 技能二、三级 UG NX 培训教程[M]. 北京：清华大学出版社，2018.